ヒューマンエラー
Human Error

第3版
Third edition

小松原 明哲 著
Akinori Komatsubara

丸善出版

第3版　まえがき

"*To err is human, to forgive divine*（過ちは人の常，許すは神のわざ）"という言葉があるそうです．過ち（エラー）は誰でもしてしまうものだから，神の心の如く，互いに寛大にならなくてはならない，というような意味だと思います．しかし，そうはいっても，ヒューマンエラーを起こしてよいといっているのでは，決してありません．事故につながるからです．事故になれば，人が傷つき，尊い命が失われ，経済的な損害が発生します．"*To err is human, to forgive divine*"という言葉も，ヒューマンエラーを起こさないよう，人智を傾け，万策を尽くしていることが大前提でしょう．

では，どのようにして万策を尽くすか．思いつきで場当たりの対応をしていては，効果は上がりません．何ごとも活動なくして成果なし．何が危ないのか，どういうヒューマンエラーが生じかねないのかを，きちんと見て，メリハリの効いた対策を講じていかなくてはなりません．これが安全マネジメントです．本書では，安全マネジメントの観点からヒューマンエラーを見つめていきます．

ところで，安全マネジメントやヒューマンエラーへの対応ということを，難しく考える必要はありません．

生産を，確実に，安全裏に行いたい．その願いは有史前からあったのではないかと思います．たとえば，原始人が狩りをするときのことを考えてみましょう．獲物をつかまえることが生産目的です．その目的が達成できなければ，飢え死にしてしまいます．だから獲物を追いかけるわけですが，あと一歩というところで獲物を取り逃がしたこともあったかもしれません．ヒューマンエラーです．また，足を滑らせてけがをしたこともあったかもしれません．人身事故です．そうしたことを避けたいのは，原始人も同じです．

まえがき

原始人も確実，安全に生産を
行おうとしたに違いない

　狩りも最初は闇雲に獲物を追いかけていたかもしれませんが，何回か繰り返していくうちに，彼らはよい追いかけ方，滑らない足さばきなどを学んでいったことと思います．それを定石としてまとめ，若手に教え，訓練していたかもしれません．

　また，大きな獲物ともなると，一人ではダメで，チームで追いつめなくてはなりません．そのときには，チームワークがものをいったと思います．コミュニケーションやリーダシップ，チームづくりといったことも学んでいったことでしょう．合図の仕方を定め，狩りのメンバーに周知徹底したかもしれません．不満が出ないよう，仕留めた獲物の分配ルールを掟として定めたかもしれません．

　さらに，足場を平らにするなどの現場改善を実施したかもしれません．素手では限界があることから，槍などの道具を開発し，使いやすさの改善を継続的に図っていたかもしれません．

　こうした諸活動に熱心に取り組んだ部族は，きっと繁栄したことでしょう．一方で，いつまでも出たとこ勝負，適当に狩りをしていた部族は，衰退したに違いありません．

　このことは，原始人だけではなく，現代の私たちの仕事や生活でも同じです．生産，つまり仕事や家事を止めれば安全なのでしょうが，それができない以上，生産を確実に，安全に行うための活動をしなくてはならないのです．それが安全マネジメントであり，ヒューマンエラーへの取り組みということなのです．

　ところで，私たち人間は，家庭から会社に行けば，コロッと中身が変わる，

ということはありません．もちろん家ではのんびりしている人も，現場で危ないものを扱うときには，'きりっ'としているということはありますし，それは当然です．しかし，人間が宇宙人になってしまうようなことはありません．ものの見方，考え方が，ガラッと変わってしまうことはないのです．このことは，当たり前ですが大切な視点です．つまり，「家でする失敗は，会社でもする」「会社でする失敗は，家でもする」「あるところでする失敗は，別のところでもする」ということを物語っているからです．確かに，家でのガスの元栓閉め忘れは，プラントではバルブ閉め忘れと，「閉め忘れ」で同じです．家でのソースと醤油を取り違いは，病院での薬の取り違いと，「取り違い」で同じです．ヒューマンエラーによりもたらされた被害の内容と大きさが違うだけで，ヒューマンエラーの本質は同じなのです．このように考えると，大切なのは，ヒューマンエラーとは何なのか？　どうして起こるのか？　という本質を理解し，その本質的なところで，安全マネジメントを講じていくことではないかと思います．

　一方，人はヒューマンエラーをするものだ，だから悪者だ，と性悪説で決め付けるのは考えものです．予兆に気づく，臨機応変，機転を利かす，というよい面もあります．それが裏目に出たときには，あと知恵ながら，確かにヒューマンエラーといわれてしまいますが，しかし，人が支える安全，というよい面があることを忘れてはなりません．性善説に立って，そのよい面を伸ばし，成功を増やしていくことも大切ではないでしょうか．

　本書は，このような考えのもとでまとめました．2003年の初版，そして2008年の第2版以来，業種を超えたヒューマンエラー防止のための実務入門書として，多くの方々から暖かいコメントをいただきました．また，韓国でも翻訳出版されています．ありがとうございました．

　今回，最近の知見を盛り込み，第3版として改訂を行いました．品質保証，労働安全，産業保安，リスクマネジメントなどの場で，日々，ヒューマンエラーや，人間の不適切な行為，失敗や成功といったことに頭を悩ませる方々の，解決実務への道しるべとなれば幸いです．

なお，本書は拙著『安全人間工学の理論と技術——ヒューマンエラーの防止と現場力の向上』（2016年，丸善出版）の関連図書であり，同書への入門編として活用いただけるものです．本書でまず，ヒューマンエラーに対する取り組みの全体を把握していただければ幸いです．

　最後に，本書を出版する機会を与えていただき，今回の改訂にも多大なご高配をいただいた，丸善出版株式会社の長見裕子さんに厚くお礼申し上げます．

　　令和元年　初　秋

小松原　明哲

目　次

1　事故とヒューマンエラー ― 1

1.1　事　故 ― 1
1.2　事故の起因源 ― 2
1.3　なくならない事故 ― 4
1.4　ヒューマンエラーと事故 ― 6
1.5　安全マネジメント ― 9
1.6　動物園のリスク管理 ― 10
1.7　製品事故とヒューマンエラー対策 ― 12

　　コラム　ハインリッヒの法則　2
　　　　　　フールプルーフ　7
　　　　　　安全マネジメントの第一歩　13

2　ヒューマンエラーとその対策 ― 15

2.1　ヒューマンエラーの原因はさまざま ― 15
2.2　不適切行為とヒューマンファクターという考え方 ― 16
　　2.2.1　SHEL モデル　17
　　2.2.2　4 M（5 M）　20
2.3　ヒューマンエラーの種類と原因 ― 21
　　2.3.1　結果からみたヒューマンエラーの種類　22
　　2.3.2　人間特性からみたヒューマンエラーの種類　24
　　2.3.3　ヒューマンエラーの背後要因　25

　　コラム　犯罪とヒューマンエラーの間　18
　　　　　　ヒューマンエラーの分類　23

業務上過失罪ということ　24
「すべきこと」は事前に定められているか？　25

3 できない相談 ――― 27

3.1 人間の能力の限界 ――― 27
3.2 視力と聴力 ――― 27
3.3 記憶力 ――― 35
　3.3.1 短期記憶には限界がある　35
　3.3.2 短期記憶は消失しやすい　36
　3.3.3 意味のない項目は混同されやすく，忘れやすい　37
　3.3.4 いっそ記憶をさせないですまないか　37
3.4 動作能力 ――― 38
3.5 反応力 ――― 38
3.6 「〜にくい」ものをなくすのが先 ――― 40
　3.6.1 人間工学設計基準を活用する　40
　3.6.2 「注意」表示を解消する　41
　3.6.3 職場のバリアフリー　43

> コラム　チョウがカラフルなのはなぜ？　32
> 錯視とヒューマンエラー　34
> 惰性KY　41
> 5S活動　42
> 健康づくりとヒューマンエラー　44

4 「錯誤」というヒューマンエラー ――― 45

4.1 ベテランはなぜ錯誤が多いか ――― 45
4.2 「取り違い」のヒューマンエラー ――― 46
　4.2.1 取り違いとは　46
　4.2.2 取り違いの防止　48
4.3 「思い込み」のヒューマンエラー ――― 49

　　　　　　4.3.1　思い込みとは　*49*
　　　　　　4.3.2　思い込みは頑固　*51*
　　　　　　4.3.3　思い込みの対策　*52*
　　4.4　ミステイク ——————————————————————— *54*
　　　　　[コラム]　慌てると増える「取り違い」　*49*
　　　　　　　　　「思い込み」を体験する　*50*
　　　　　　　　　標準化　*54*

5　失　念 ——————————————————————————— *57*

　　5.1　失　念 ————————————————————————— *57*
　　5.2　作業の主要部分の直前の失念 ————————————— *57*
　　　　　5.2.1　直前の失念　*57*
　　　　　5.2.2　直前の失念への対策　*58*
　　5.3　作業の主要部分の直後の失念 ————————————— *59*
　　　　　5.3.1　直後の失念　*59*
　　　　　5.3.2　直後の失念への対策　*60*
　　5.4　慎重に考えるべき「自動処理」——————————————— *61*
　　5.5　未来記憶の失念 ——————————————————— *63*
　　　　　[コラム]　中華航空機事故　*63*

6　知識不足・技量不足のヒューマンエラー ———————— *67*

　　6.1　知　識　不　足 ————————————————————— *67*
　　　　　6.1.1　知識不足のヒューマンエラー　*67*
　　　　　6.1.2　知識不足のヒューマンエラーへの対策　*67*
　　　　　6.1.3　マニュアルの区別　*70*
　　6.2　技　量　不　足 ————————————————————— *72*
　　　　　6.2.1　技量不足のヒューマンエラー　*72*
　　　　　6.2.2　技量不足のヒューマンエラーへの対策　*72*
　　6.3　教育訓練計画を立てる ————————————————— *73*

|コラム| 安易な改善は命取り？　69
マニュアル作成者の心理　71
「初めて」「変更」「久しぶり」　74

7　違　反　75

- 7.1　初心者の起こす違反 ─────────── 75
- 7.2　ベテランの起こす違反 ─────────── 77
  - 7.2.1　違反のパターン　77
  - 7.2.2　違反の特徴　80
- 7.3　違反を防ぐ ─────────────── 82
- 7.4　規則違反と管理者の責務 ──────────── 84
  - 7.4.1　違反者に対する管理者の姿勢　84
  - 7.4.2　社会とのつながりを考える　85
  - 7.4.3　その規則は守られるの？ 守る意味があるの？　85

|コラム| 職場のマナーと作業規則　76
小さな違反を見過ごすな　81
自分自身に説明させる　84
違反と安全文化　88

8　現　場　力　91

- 8.1　レジリエンス ─────────────── 91
- 8.2　レジリエンスの能力 ──────────── 92
- 8.3　気づき力を高める ──────────── 93
- 8.4　対　応　す　る ─────────────── 94
- 8.5　先手を打った行動 ──────────── 95

9　背後要因　97

- 9.1　作業遂行能力に影響を与える背後要因 ──────── 98

9.2　作業遂行意欲に影響を与える背後要因 ——— 102
9.3　背後要因を考える ——— 103
　　コラム　行動形成因子（PSF）　97
　　　　　　月曜と金曜は事故が多発する？　103

10　コミュニケーションとチームエラー ——— 105

10.1　言いたいことを正しく伝える ——— 105
10.2　コミュニケーションへの風土づくり ——— 106
　　10.2.1　あるチームエラー　106
　　10.2.2　「言われたことだけをしていればよい」という心理　107
10.3　CRM に学ぶ ——— 109
　　10.3.1　チームワークのまずさによる航空機事故　109
　　10.3.2　CRM のスキル　110
　　コラム　会話の原則　107
　　　　　　ノンテクニカルスキルのプログラム　111
　　　　　　自分は他人とどう接しているか　113

11　トップの姿勢と安全文化 ——— 117

11.1　トップの意識 ——— 117
11.2　安全文化 ——— 119
11.3　不幸の重なりを避ける ——— 120
11.4　「しかたがない」という前に ——— 122
　　コラム　よい会社風土をつくっていく　118
　　　　　　日本の昔話　120
　　　　　　安全・安心・信頼　122

12 事故分析：ヒューマンエラーをなくしていくために —— 125

- 12.1 事象の連鎖 —— 125
- 12.2 ヒューマンエラーの分析手法 —— 126
- 12.3 何のための分析か？ —— 128
- 12.4 インシデントレポート —— 130
- 12.5 未然防止にも取り組む —— 134

コラム　民事訴訟法の証拠の考え方　133
　　　　ヒヤリ・ハット！ 報告をあげる　134

参 考 文 献 —— 137

索　　引 —— 139

1

事故とヒューマンエラー

本章では，事故とヒューマンエラーの関係について考えます．

1.1 事　　故

突然発生する，よくないできごとが，「事故」です（講談社 日本語大辞典）．事故があると，死傷者が出たり，財物が損害を受けたり，環境が汚染されるなど，"よくない事態"が生じます．事故をなくしたいという願いは，私たちに共通しています．

「事故」とつく"ことば"を考えると，交通事故，医療事故，航空機事故，海難事故などの表現が思い起こされます．これは，事故の生じた場所を表す言い方です．一方，人身事故，労災事故，物損事故，製品事故などの言い方もあります．これは，事故の作用先が，人か，あるいは財物かを表すものです．また，大事故，軽微な事故，などの言い方もありますが，これは事故の結果の重大性や，被害の大きさを表しています．

ところで，事故をなくす立場にたつ私たちからすると，事故が，"人に作用したのか，財物に作用したのか""交通の場で生じたのか，医療の場で生じたのか""重大な被害をもたらしたのか，軽微な被害だったのか"などの結果より，むしろ，**"なぜそのような事故が生じたのか"**という，事故原因に注目する必要があります．ハインリッヒの法則を持ち出すまでもなく，軽微な事故ならOK，ということはないはずです．どのような事故であれ，事故はあってはならないのです．そのためには，事故の原因，つまり，「もと」を見つけて，

ハインリッヒの法則

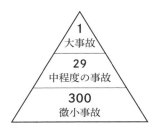

　1：29：300の法則ともいわれます．米国の安全技術者ハインリッヒ（H. W. Heinrich）が見出したもので，重大な労働災害（大事故）は何の前触れもなく突然起こる，というものでもなく，1件の大事故が起こるまでには，29件の中程度の事故があり，300件の微小事故があるものだ，というものです．大事故になるか微小事故になるかは，まさに神様の微笑みしだい．微小事故だからよかったと，のんびりと構えていてはいけないと戒めています．

　確かに，機械からの飛来物が，目の前を通っていけばヒヤリハット，頬をかすめれば微小事故，頬に刺されば中程度事故，そして目や頭に突き刺されば重大事故です．そして飛来物がどのような軌跡を通るか，そのとき作業者がどこに位置しているのかは，まさに神様の思し召ししだいです．

対策をとっていかなければなりません．

1.2　事故の起因源

　事故の起因源となることは，大きく次の5種類に分けられます．これら安全を脅かす要素（事故をもたらす要素）のことをハザードといいます．
　① **自然要因**：　台風，地震，落雷，暴風，豪雪などの気象があげられます．蛇に咬まれたり，スズメバチに刺されるなど，動物や昆虫も事故原因にな

ります．また，ネズミが配電盤に巣をつくってショートした，などという事故もあります．ウイルスや細菌などもハザードで，感染によって作業能力が低下したり，病欠により他の人に業務のしわ寄せがきた結果，疲れから事故になる，というようなこともあります．

　自然要因それ自体を制御するのは容易なことではなく，困難ですらあります．そこで，自然要因により生じた事故は不慮の事故，天災，運命などといわれることにもなります．しかしこれも，防災や衛生管理などの事前の備え，発生した場合の迅速な対応がなされたうえでの話しであって，それに不足があったのであれば，人災といわれることになります．

　②　**社会要因**：　放火，食品への毒物混入など意図的になされた行為です．テロが最悪のものです．工場のフェンスの外から石を投げ込む，自動車のあおり運転などもそうです．これらは悪意をもった人による犯罪行為ですが，安全を守るためには，防犯，セキュリティなどを考えていく必要があります．

　③　**技術要因**：　業務で扱う"危ないもの"，たとえば毒物や高電圧などが事故をもたらします．また，道具や設備，機械，施設などの欠陥や故障，システム障害も事故をもたらします．新製品や新技術であると，往々にして初期故障が見られます．また古くなれば老朽化による故障が増えていきます．システムの運用前提が変わることで，事故が生じることもあります．安全設計，品質管理，保守維持管理などをしっかり行うことが必要です．

　科学的に未知の事象による事故は，想定外，不可抗力などといわれますが，それも人知を傾けて検討，対策，対応がなされたうえでの話しであって，検討漏れや甘い対応により事故が生じたのであれば，これも人災といわれることになります．

　④　**対象要因**：　お客様が大勢押しかけてきて群集雪崩を起こすなどといった，需要がサービスの供給能力を超えたときの事故です．電力需要が発電量を上回ったときの停電（ブラックアウト）もそうです．需給のバランスをとることが必要で，その制御に甘さがあると，これも人災といわれてしまいます．

　⑤　**人的要因**：　階段を踏み外す，道具を不適切に使用してけがをする，機械操作を誤り反応炉を爆発させてしまう，手抜きをして不良品をつくってしまうなどといったことです．つまり，広い意味でのヒューマンエラーです．交通

事故であれば，自分の行為で自分自身や自分の財物が傷つく事故が自損事故，他人や他人の財物を傷つければ加害事故ということになります．

結局，あらゆる事故の原因には，人間が深く関係しているといえます．つまり，事故をなくすためには，人間の問題を避けて通ることはできないといえそうです．

1.3　なくならない事故

図1.1に，わが国の労働災害による死亡者数の推移を示します．1970年（昭和40年代半ば）までは，毎年労働災害で7000名近い方が尊い命を落とされていたことがわかります．このように労働災害が多い理由は，不十分な作業訓練，休憩なしでの長時間労働，安全靴やヘルメットなどの安全装備の不備，局所排気や高所手すりなどの設備の不対応など，労働安全への配慮が十分なされていなかったためです．"けがと弁当は自分持ち""カラスの鳴かない日があってもけが人が出ない日はない"と往時を述懐される古老がいらっしゃいま

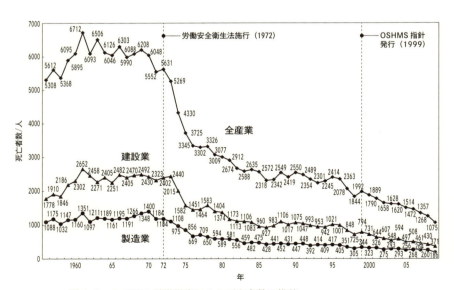

図1.1　わが国の労働災害による死亡者数の推移
［厚生労働省：平成21年における死亡災害・重大災害発生状況等について］

したが，決して過言ではないと思います．当然，製品にも不具合が多く，"製品にあたりはずれがあっても当たり前"という時代でもありました．

ところで，この図を見ると，1972（昭和47）年を境に，死者数は急減してきたことがわかります．これは，労働安全衛生法が施行され，たとえば高所作業での安全帯の着用，有機溶剤を使う職場での局所排気設備の設置など，安全装備，安全設備の設置が義務化され，また，安全教育や，作業訓練，健康管理の徹底などもしっかりなされるようになったためです．まさに労働安全衛生法の面目躍如です．ところが，1975（昭和50）年をすぎて，死者件数は微減状態であり，時として前年を上回る年もあります．そこで，安全を現場の問題としてとどめおくのではなく，会社全体で体系だって安全に取り組んでいくべきとの考えから，1999（平成11）年に厚生労働省から「労働安全衛生マネジメントシステムに関する指針（OSHMS指針：Occupational Safety and Health Management System）」が示され，さらにはISO 45001規格（労働安全衛生マネジメントシステムの国際規格）が2018（平成30）年に発行されています．これらにより自主的な安全衛生への取り組みが積極的になされるようになりました．その取組み効果や安全技術の進歩により，さらに死者数は減少していますが，まだまだ痛ましい事故は続いています．この原因の一つに，たとえば安全装備を支給しても，ちょっとの仕事だからと着用をしなかったり，高所からうっかり足を踏み外したりなどといった，つまり，ヒューマンエラー，人的要因による事故がなくならないことがあるといわれています．

図1.2は，商用航空機（いわゆる民間航空機）での事故率を示したものです．1960年代（昭和35年ごろ）まで，100万回離陸あたりの年間の航空機事故件数がきわめて高いことがわかります．航空機の機体性能や金属疲労などの技術的事象や，高層の気象などに未知の部分があり，"人知を超えた"事態に遭遇しての事故が多かったといわれています．ところが，技術が進歩し，気象予知も格段に向上したにもかかわらず，事故率は一定になってきています．機体整備のヒューマンエラーや，管制官とパイロットとの意思不疎通など，人的要因に起因する事故がなくならないことがその一つにあるためです．さらには，航空機の設計，製造に携わる技術者の判断やヒューマンエラーなどといったことも問題になっています．航空機の大型化に伴い，ひとたび事故が起こる

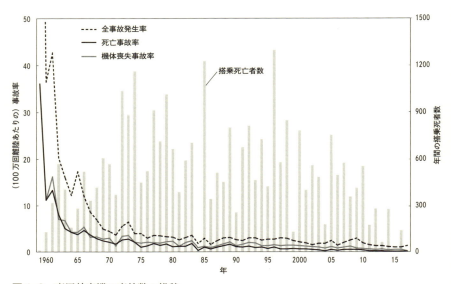

図1.2 商用航空機の事故数の推移
[Boeing：Statistical Summary of Commercial Jet Airplane Accidents, Worldwide Operations 1959 ～ 2017]

と，一度に多くの人命が失われることにもなってきている今，航空業界では，人的問題の比重がますます大きくなってきています．

労働災害，航空機事故に限らず，交通事故，医療事故，また企業の品質事故など，あらゆる事故でも事情は同じではないでしょうか．事故をなくしていくためには，とにかく人的問題に徹底的に踏み込まなくてはならないということは，確かなことです．

1.4 ヒューマンエラーと事故

人的問題は，つき詰めればヒューマンエラーをなくすことです．ヒューマンエラーはさまざまな定義がなされていますが，要は"すべきことが決まっている"ときに，"すべきことをしない"あるいは"すべきでないことをする"ということです．「期待されることが果たせなかったこと」といえるかもしれません．野球のエラーも同じです．当然捕れるはずの野球のボールが捕れなかっ

たら,「エラー」と判定されます.

　すべきことは,規則や手順,法律などで明示されていることもあるし,常識で暗黙に決まっていることもあります.また,自分が"こうしよう"と心に決めた,ということもあります.たとえば,会社に行く途中にコンビニに寄ろうと思っていたのに,寄らずに会社に行ってしまった,などという場合です.これもヒューマンエラーです.

　いずれにせよ,すべきことがあって,それをしないときに,私たちは後付けで「エラーした」「ミスった」「失敗した」などといっています.

　では,ヒューマンエラーと事故とはどういう関係にあるのか,"風の吹く中,細い綱を渡る"ことで考えてみましょう.話は簡単です.すべきことは,"綱を渡りきること"です.このとき,綱から落ちたらヒューマンエラー,そして,地上に落ちて,自分がけがをしたり下に
いる人を負傷させれば人身事故,財物を損傷すれば物損事故です.

　ところで,エラーが起こったら,すぐに事故が起こって被害や損害が発生する,というものではありません.たとえば綱渡りであれば,墜落制止用のハーネスを着用していたり,安全ネットが張られていれば,綱を踏み外しても下ま

フールプルーフ

　ヒューマンエラーを事故に結び付けないための対策として,フールプルーフ(foolproof)という機構があります.うっかり操作によるトラブルを避けるためのもので,たとえば,火災報知機の起動ボタンが壁に埋め込まれ,アクリル板で覆われていることや,電卓などのリセットスイッチが,ボールペンの先でないと押せないほど小さいことがそうです.偶発的接触による起動を避けているのです.また,意図的な不適切な行為を避けるためのものを,タンパープルーフ(tamperproof)といいます.素人修理を避けるために,専門の特殊工具でないと機器を開けられなくすることがこの例です.子どもでは,甘いシロップ薬を勝手に飲んでしまわないよう,キャップは子どもの力では開けられないようにしています.これをチャイルドプルーフ(childproof)といいます.

では落ちません．また，ヘルメットを着用していれば，けがの程度は小さくとどめられます．ブロック体制（バリア）を講じておくということです．さらに，すぐに助け出して病院に連れていくことも重要です．そして，事故に備えて傷害保険に入っていれば，痛い思いはしても，多少の救いになります．

野球も同じです．捕れるはずのゴロを捕り損ねたらエラーで，点を取られれば「事故」です．しかし，ある選手がエラーを起こしても，すぐにほかの選手がフォローして送球すれば，点は取られないか，最悪でも大量得点にはなりません．さらにいうと，仮に点を取られても，それまでに味方にたくさんの得点が入っていれば（つまり，保険に入っていれば），試合には負けません．

結局，私たちの生活や産業活動では，ヒューマンエラーを起こさないところからはじまり，被害や損害を最小限度にとどめるところまできちんと考えて，はじめて"安心できる"ということになります（図1.4）．

図1.3　野球のゴロを捕り損ねるエラー

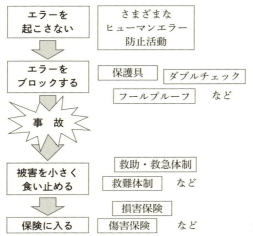

図1.4　安心を確保するための活動

1.5 安全マネジメント

安全マネジメント，リスクマネジメントなどという言い方を耳にします．これらは会社上層部の中に安全推進の責任者を定め，そのリーダシップのもとで平素からシステマティックな安全への取り込みを行っていくことと理解されています．具体的には，PDCAをまわすことです（図1.5）．

- P：Plan　自社において発生した，または発生している，あるいは発生が懸念される事故と，その被害の大きさを把握，予見します（これをリスクアセスメントといいます）．そのためには，1.2節で述べた事故の起因源となることを調査し，把握することが必要です．そして，事故防止のための対策を立案します．
- D：Do　事故防止の対策を実施します．
- C：Check　実施した対策の効果を検証します．
- A：Act　検証結果をもとに，追加対策などを講じます．

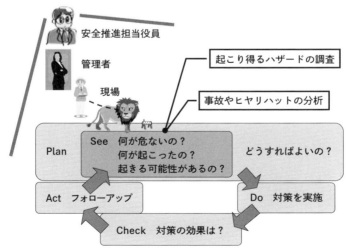

図1.5　安全マネジメントのプロセス

さらに，万一事故が起こった場合に備え，
- 事故時の対応をあらかじめ定め，関係者に周知徹底し，対応訓練を行います．必要となる資機材の準備も大切です．
- 適切な保険に加入しておきます．

たとえば，化学工場であれば，安全担当役員のリーダーシップのもと，扱っている物質と，その危害の程度，またその扱い時に起こり得る（あるいは実際に起こった）ヒューマンエラーをはじめとする事故の起因源（ハザード）を調査し，そのリスクを評価します．次に，より安全な物質に切り替える，ヒューマンエラーが起こりにくい作業手順や設備機器に改めるなど，事故の防止対策を講じます．さらに，万一の事故に備えて，救護，近隣住民への広報，漏洩した物質の回収方法などを定め，その訓練を行います．損害保険に加入することも必要です．そして，こうした対策が効果あるものか，弱点はないかを見直し続けていくのです．

1.6　動物園のリスク管理

リスクということばをよく耳にします．一般にリスクとは，
「ハザードのもつ"ひどさ"」×「ハザードと接する可能性（発生確率）」
などと定義されています．安全にするとは，リスクを下げる，ということです．リスクを下げるには，"ひどさ"を減じるか，発生確率を下げる必要があります．

わかりにくいので，動物園を例に考えてみたいと思います（図1.6）．

動物園は，危ないところです．なぜなら，猛獣がいるからです．万一，猛獣が逃げ出してお客さんをかじったら，大事故です．では，動物園の事故をなくす（安全にする＝リスクを下げる）にはどうしたらよいのでしょう？

リスクの定義を思い出してください．動物園では，猛獣がハザードで，接する可能性とは，猛獣が逃げ出しお客さんをかじる確率です．そして，猛獣が獰猛であるほど危なく（不安全であり），また，猛獣が逃げ出し，お客さんをかじる可能性が高いほど危ない動物園です．つまり，リスクが高いということです．

となるとリスク低減対策は，

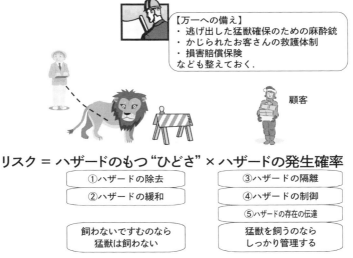

図 1.6　動物園のリスク管理

「ひどさ」を減じる対策

① 猛獣を飼うのをやめる（ハザードの除去）．
② 赤ちゃん猛獣とする（ハザードの緩和）．

「接する可能性」を減じる対策

③ 猛獣を檻に入れる，お客さんとの間に十分な距離をおく（ハザードの隔離）．
④ 猛獣に綱をつける．手なずける（ハザードの制御）．
⑤ お客さんに注意を呼びかける（ハザードの存在と，お客さんがとるべき正しい行動の伝達：ハザードの存在の伝達）

　直感的にわかると思いますが，これらの対策の効力は①から⑤の順に弱くなっています．とくに，⑤ "お客さんに注意を呼びかける" は，お客さんが協力してくれる保証はなく，効果としては心もとありません．極端な言い方ですが，"注意喚起は安全への気休めでしかない" といわれるのはこのためです．

　①,②は，危ないものがなくなるわけですから，根底からの事故防止になります．そこで，本質的安全対策といわれます．安全を推進するときには，まずここから考え出すべきです．しかし，これではスリル満点の動物園にはなりま

12　　1　事故とヒューマンエラー

せん．となると，③,④,⑤の対策を講じざるを得ません．隔離，制御，伝達のための設備をつくり，それを正しく運用するのです．では，これらの運用はだれが行うかというと，飼育係りです．飼育係りが猛獣の隔離，制御，お客さんへの注意を怠ったら……，つまり，ヒューマンエラーを起こしたら……．

　リスクマネジメントの中でヒューマンエラーを考える，という意味はおわかりいただけるでしょうか．ご自身の事業所や業務でのリスク対策はOKか，動物園にならって考えてみてください．

1.7　製品事故とヒューマンエラー対策

　少し話しはずれますが，製品事故も悩ましい問題です．使っていた道具や機器が壊れていたり，故障してしまって，産業現場や家庭で，消費者（使用者）に事故が生じてしまうケースです．その責任はどこにあるのかを考えてみましょう．これは，図1.7のようにまとめられます．

　まず製造者が，製品を正しく設計，製造しなければ，欠陥製品となってしまいます．欠陥製品を発売し，それがもとで消費者に事故が生じれば，製造者は製造物責任（損害賠償責任）を負うことになります．さらに，事故発生を知っても製品回収などをせず，事故の拡大を放置したのなら，刑事責任を問われることもあります．また，行政機関の許認可や欠陥製品の回収指示などに問題があったのであれば，行政機関が責任を問われることもあります．

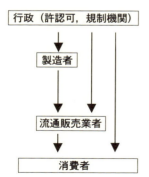

行政（許認可，規制機関）　　不適切な許認可，不適切な規制，行政不作為

製造者
　　設計時の問題（設計ミス）
　　製造時の問題（労働災害/製造不良事故）
　　説明の問題（流通業者や消費者への虚偽・不足説明）

流通販売業者
　　取り扱いの問題（不適切な製品の取り扱い）
　　説明の問題（消費者への虚偽・不足説明）
　　保守・点検・修理の問題

消費者
　　使用時の問題（誤使用，不適切な製品の取り扱い）

図1.7　製品事故に関する問題

安全マネジメントの第一歩

　1.2節において，5種類の安全を脅かす要素（ハザード）を示しました．では，ご自身の事業所や職場は，具体的に，どのようなハザードに直面してきたでしょうか［過去］．直面しているでしょうか［現在］．直面する可能性があるでしょうか［将来］．そしてそれらのリスクはどうでしょうか．リスクに見合った対策はできているでしょうか．以下の表を埋めてみてください．

　過去に生じたハザードの把握や適切な再発防止対策がなされていなければ，同じような事故がいつまでもなくならないことになってしまいます．また，現在のハザードの把握や対応が遅れると，被害拡大防止に問題が生じます．そして，将来，見込まれるハザードの把握漏れやリスク評価の甘さがあると，未然防止対策が取られず，想定外の事故，想定を上回る事故に見舞われることになってしまいます．ですから，安全マネジメントの第一歩は，まずはこの表を埋めることなのです．

	具体的に懸念されるハザード	リスクの評価	ハザードへの対処（安全対策）
自然要因			
社会要因			
技術要因			
対象要因			
人的要因			

　製品にいわゆる欠陥はないとしても，消費者が製品を正しく取り扱わなければ，誤使用となり，事故が生じます．無謀な使い方をした事故は消費者の責任です．しかし，正しい使い方が消費者に伝達されていなかったり，そもそも実施困難であったのなら，起こしたくはなくとも消費者はヒューマンエラーを起こしてしまいます．この場合は，消費者はエラーを起こさせられた，わけですから，事故の責任は，製造者に帰せられます．たとえば，米粒ほどに小さなボタンをたくさん並べたコントローラーを正しく押してくださいといわれても，実行不可能です．つまり，「すべきことをしない」のがヒューマンエラーとはいっても，すべきことが"できない"ときのヒューマンエラーは，すべきことを定めた人のヒューマンエラーといえるのです．

2

ヒューマンエラーとその対策

　ヒューマンエラーといっても，さまざまな種類があります．本章ではそれを整理してみましょう．

2.1 ヒューマンエラーの原因はさまざま

　1章でふれた"綱渡り"を思い出してください．ちゃんと向こうまで渡りきるのが「すべきこと」で，渡りきれなければ「ヒューマンエラー」です．

　では，何ゆえ，渡りきらずに落ちてしまったか？　落ちた原因（エラーの原因）として，次のようなことが考えられます．

- **本　人：** 綱渡りの技量を身につけていない．綱渡りというものは，途中で飛び降りるのが正しいことだと思い込んでいた．体調が悪い，寝不足，家庭の心配ごとなどで集中できなかった．いい格好をしようとわざと速足で渡った．受けを狙ってわざと落ちた……，など．いろいろなことが思いつきます．
- **綱：** 綱が細い．つるつるすべる．綱がピンと張られておらず，ゆらゆらゆれる……．作業の設備機器や道具が使いにくくては，本人がどんなに頑張っても落ちてしまいます．
- **説　明：** 事前に渡された説明書きでは"太い綱"のはずだったのに，じつは"細い"の誤植だった，などというようなことでは"話が違う！"と叫びながら落ちてしまいます．作業指示や，関係文書に誤りや，記載

漏れがあっては，ヒューマンエラーは起こるべくして起きてしまいます．
- **環　境：**　突風が吹いたら，あおられて落ちてしまいます．灼熱の太陽のもと，あるいは厳寒の中では，からだもうまく動かず，これも落ちてしまいます．作業環境が良好でなければ，本人の頑張りにも限度があるというものです．
- **周囲の人：**　後ろからほかの人があおったら，慌ててしまいます．突風が吹くという天気予報をだれも教えてあげなければ，渡っている人はひどい目にあってしまいます．周りの人の気配りのなさ，妨害，まずいコミュニケーションも，ヒューマンエラーを起こします．

このように考えていくと，"渡りきらなかった"というヒューマンエラーを一つ取り上げても，その原因は，じつにさまざまであり，ヒューマンエラーをなくすためには，その原因一つひとつに適切な対応をとっていく必要があることに気づきます．つまり，綱渡りを止めない限りにおいて，ヒューマンエラー対策には，これをすればすべてOKというような，"One best way"は，残念ながら存在しないのです．

事業所では，それぞれいろいろなヒューマンエラー対策をとっていることと思いますが，その対策はいったい，どのようなタイプのヒューマンエラーに有効なのか？　それらに抜けがないか？　今までのやり方だけでよかったのか？　本当にその効果が引き出せていたのか？　ということを，常に突き詰めて考えていくことが必要です．他社で効果が出ている対策だからといって，当社でも成功するとは限りません．なぜなら作業の種類，作業の環境，作業者の意欲や，技量レベルが異なるかもしれないからです．

2.2　不適切行為とヒューマンファクターという考え方

ヒューマンエラーときくと，うっかりぼんやりというような，悪意のない，図らずも起こしたようなミスを連想してしまいます．しかし，怠慢や手抜きのような，意図的な行為であっても，「すべきことをしない」「すべきでないことをする」ことにつながります．さらにいうと，犯罪のような，悪意に満ちた，

反社会的な行いも,「すべきことをしない」「すべきでないことをする」ということになります.一方,私たちは,どのような理由であれ,"すべきことをしてもらわなくては困る"ので,このような意図的な行為も含めて対策を講じていく必要があります.そこで本書では,ヒューマンエラーを,「不適切行為」と幅広く捉えて考えていくこととします.ただし,反社会的な犯罪行動は,防犯やセキュリティの課題であり,本書の範囲を超えるので,ここまでは対象とはしないこととします.

さて,前節で述べたように,ヒューマンエラーの原因は人間のことがらだけとは限りません.設備機器や作業環境などの問題もあります.人間についても,家庭の心配ごとのような,奥深い背後の問題もあります.そこで,ヒューマンエラー防止のためには,当事者である人間を取り巻くすべての要素をひっくるめて考えていく必要があります.このような考え方を,「ヒューマンファクター」といいます.

E. Edwards (1985) は,ヒューマンファクターは,「人間科学を体系的に適用することで,システム・エンジニアリングの枠内で統合して,人間とその活動の関係を最適なものにすること」と定義し,ヒューマンエラーを防止するためには,ヒューマンファクターの最適化を目指すべきであると指摘しています.なお,ヒューマンファクターを,ヒューマンファクターズと複数形でいう場合がありますが,一応の使い分けとして,事故をなくしていくための人間研究を,ヒューマンファクターといい,それに基づいて対策を講じることまでを含めて,ヒューマンファクターズといっています.ヒューマンファクターズは事故防止のための人間要因の解明と対策の実践,というほどの意味で理解しておけばよいでしょう.

ところで,ヒューマンファクターの取扱う要素,つまり,ヒューマンエラーの原因は,さまざまな要因が複雑に入り組んだ結果生じるものですが,それを突き詰めていくと,SHEL (m-SHEL), 4 M (5 M) などといわれる要因にたどり着きます.

2.2.1 SHEL モデル

ヒューマンファクターの要素は,図 2.1 に示す F.H. Hawkins の SHEL モデ

犯罪とヒューマンエラーの間

　ヒューマンエラーにより他人を傷つけたり，物を壊したときに，それは犯罪になるのですか？　という質問を受けることがあります．これは難しい問題です．そもそも，刑法での人間像と，ヒューマンファクターの人間像とは，違うのです．

　刑法では，よからぬ行為を，その動機から次の四つに分けています．

- **確定的故意**：　けがをさせてやる，壊してやる，というような，よからぬ結果を目的としてなされた行為．
- **未必の故意**：　けがをしてもかまわないと思った，壊れてもかまわないと思った，というような，よからぬ結果を許容してなされた行為．
- **認識ある過失**：　まさかけがをするとは思わなかった，まさか壊れるとは思わなかった，というように，よからぬ結果を許容はしていないものの，その不安が頭をよぎりながらも行った行為．
- **認識なき過失**：　けがとか，壊れるとか，そんなことはまったく考えもしなかった，というような行為．

　"故意"は，明らかに犯罪です．事業所であれば，処遇の不満から，わざと製品に傷をつける，不良品をそのまま出荷するというようなこともまれにみられ，大問題となることがあります．

　一方，"過失"は，軽率のそしりを免れない，不注意といわざるを得ない，といわれるような行為のことです．強風が吹いているにもかかわらず，大丈夫だと焚き火をして，結果的に火事を起こすようなことが"認識ある過失"．無風のときに焚き火をはじめたところ，焚き火がいきなり燃えあがって火事になったようなことが"認識なき過失"といえるでしょうか．

　燃えあがるという認識はなかったとはいえ，火事ともなれば，焚き火の危なさをよく考えろ，という非難の声があがることもあり，とりわけ結果が重大であれば，その声は大きくなっていきます．基本的に日本社会は，社会の構成員としての規範的な人間像を期待しています．それから逸脱したのなら，それはよくない人間である，だから処罰せよ，という考え方です．是非はともかく，それが仮に認識なき過失であってもです．

　一方，いかに善良な人間であっても，完璧ということはあり得ず，思い違いや，見落としをしてしまうこともあります．つまり，ヒューマンエラーということです．そのようなヒューマンエラーを図らずも起こした人間を責めてみてもはじまりません．人間というものは脆いものです．善良ではあるが，しかし脆い人間像のもとに，定められたことをさせる，してもらうにはどうすればよいのか，ということを考えているのがヒューマンファクターの立場といえると思います．

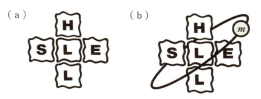

図 2.1 SHEL モデルと m-SHEL モデル
　　　　（a） SHEL モデル　（b） m-SHEL モデル
[(b) 東京電力ヒューマンファクター研究室：Human Factors TOPICS (1994)]

ルに表されます．

　もともとは航空機パイロットのヒューマンエラーを説明するために使われてきたものです．図の中心のLは，作業者本人（liveware）を表しています．このLは，S，H，E，Lに取り囲まれています．このモデルは，ヒューマンエラーとは，中心のL（自分自身）と，周囲のS，H，E，Lとの間の接面に隙間ができたときに発生することを表しています．

- S：ソフトウェア（software）．作業手順や作業指示の内容．それが書いてある手順書や作業指示書．作業指示の出し方，教育訓練の方式など，ソフトにかかわる要素．
- H：ハードウェア（hardware）．作業に使われる道具，機器，設備など，ハード的な要素．
- E：環境（environment）．照明や騒音，温度や湿度，作業空間の広さなどの，作業環境にかかわる要素．
- L：周りの人たち（liveware）．その人に指示，命令をする上司や，作業を一緒に行う同僚など，人的な要素．

　中心のLと周辺のS，H，E，Lの状態は時々刻々と変化します．人間（L）は体調や疲労で状態は容易に変わります．また，加齢により，徐々に，しかし大きく変化します．ソフトウェア（S）にしても，作業内容や手順の改定，作業要領書の様式変更も事業所ではしばしばあることです．ハードウェア（H）は，道具の磨耗や機械の故障，また機械入れ替えなどで，状態は同じということはありません．当然のことながら，環境（E）も，常に変わります．昼と夜とでは，明るさも温度もがらっと変わります．SHELモデルの各枠は波打って

いますが，これは，各要素の状態は常に同じではないことを表しています．

　周辺の SHEL の状態が変わるから，中心の L もそれに合わせて行動しなくてはならないし，また，中心の L の状態も変わるから，それに合わせて，周辺の SHEL も変えなくては，隙間ができてしまいます．夜になると暗くなるから（E の悪化），自動車の運転はいっそう注意しなくてはならないし（中心の L の注意），また，年をとってきたら（中心の L の変化），道具や設備も使いやすく，作業環境も良好にしてあげなくては（H，E の改善）ヒューマンエラーが起こる，というようにです．周辺要素どうしのマッチングも重要です．たとえば機械入れ替えがあったのに，作業手順書の改定がなされていなければ（H と S との隙間），中心の L は混乱してヒューマンエラーを起こしてしまいます．結局，ヒューマンエラーを防止していくということは，この中心の L と，SHEL とのマッチングをダイナミックにとっていくことにほかならないといえるでしょう．

　ところで，この L と SHEL とのマッチングをとるためには，全体を眺めて，バランスをとっていく役回りが必要です．その役回りが，マネジメント（m）です．具体的には職長，係長，課長，部長，または社長など，現場を管理する権限のある人です．マネジメントがこまめにバランスをとってくれれば，隙間は生じないか，生じてもすぐに隙間は埋まります．一方，社長が代わると会社が変わる，校長が代わると学校も変わるといわれるように，m の態度により，L と SHEL の状態は変わります．社長がコストダウンを叫び続けると，働く人（L）も，故障した機械（H）をだましだまし使い，夜遅くまで頑張って，最後にパタンといってしまいます．また，m が現場の悩みに耳を傾けようとしないと，何かぎすぎすした会社の雰囲気となり，L と L の接面がぱっくり開いてしまうでしょう．つまり，SHEL を支える大きな存在として，マネジメント（m）を見過ごすことはできない，ということです．このことから，東京電力ヒューマンファクター研究室では，SHEL モデルに m をつけた，m-SHEL モデルを提案しています（図 2.1(b)）．

2.2.2　4 M（5 M）

　ヒューマンエラーの原因，裏返すと，ヒューマンエラーの防止対策の訴求先

として，古くから4Mということがいわれています．これは，次の四つの単語の頭文字をとったものです．

① man（マン）：　作業者本人，上司や同僚などの，人間要素
② machine（マシン）：　道具，機械，設備などのハードの要素
③ media（メディア）：　照明，騒音をはじめとする物理的環境，手順などの情報環境，同僚などの人間環境などのさまざまな環境要素
④ management（マネジメント）：　使役条件，制度や管理体制など，管理的な要素

さらに，そもそも，その作業の目的や目標，意義，ということも考える必要があることから，

⑤ mission（ミッション）：　作業の目的，目標に関する要素

をプラスして，5Mということもあります．たとえば綱渡りであれば，そもそも綱渡りをする必要があるのか？ということがmissionで，仕事をやる意味に立ち返って考えることが必要ということです．

4Mは，SHELモデルと本質的に同じであり，manは中心のL，machineはH，mediaについては物理的環境のE，人間環境は周辺のL，情報環境はSに相当しています．

SHELも4Mも，いずれもヒューマンエラーの原因究明，対策立案では，ヒューマンエラーを起こした人のことだけを考えていてはいけないことを示しています．もちろん，エラーを起こした人のことは注目しなくてはなりませんが，各要素のマッチングという考え方でアプローチすることが大切です．

2.3　ヒューマンエラーの種類と原因

ヒューマンエラーといっても，さまざまな種類，タイプ，形態があることはすでに述べたとおりです．では，それらはどのように種類分けがなされるのでしょうか？　これはじつは難しい問題なのですが，次のように考えてみましょう（図2.2）．

22   2　ヒューマンエラーとその対策

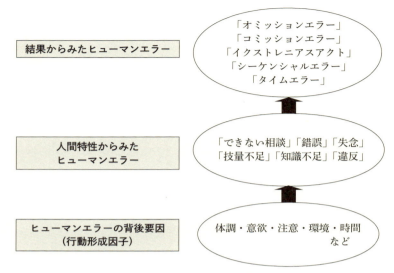

図 2.2　ヒューマンエラーの種類と原因

2.3.1　結果からみたヒューマンエラーの種類

　A.D. Swain は，結果としてのヒューマンエラー，すなわち，すべきことから逸脱した状態として，次を示しています．

- オミッションエラー（omission error）：（やり飛ばし，やり忘れ）
  必要なタスクやタスクのステップを行わなかった．
- コミッションエラー（commission error）：（やり間違い）
  タスクは行っているが，違うことをした．
- イクストレニアスアクト（extraneous act）：（余計なこと）
  本来やるべきではないタスクや行為を，タスクの中に挿入している．
- シーケンシャルエラー（sequential error）：（順序違い）
  タスク遂行の順序が違う．
- タイムエラー（time error）：（タイミングが悪い）
  やることはやっているがタイミングが早すぎ，または遅すぎ．

ヒューマンエラーの分類

　ヒューマンエラーはさまざまな見方ができますが，本書では次のように分類し，話しを進めていきます．

不適切行為（広い意味のヒューマンエラー）
├─「できない相談」（3章）
│　　　　偶発的接触
│　　　　人間の能力を超える行為
│　　　　　●身体寸法や動作能力
│　　　　　●生理特性
│　　　　　●心理特性
├─意図しないヒューマンエラー
│　　　　錯　誤（4章）
│　　　　　●取り違い
│　　　　　●思い込み
│　　　　　●ミステイク
│　　　　失　念（5章）
│　　　　　●作業の主要部分の直前の失念
│　　　　　●作業の主要部分の直後の失念
│　　　　　●未来記憶の失念
├─作業に必要な知識や技量の不足（6章）
│　　　　知識不足
│　　　　技量不足
├─違　反（7章）
│　　　　初心者の起こす違反
│　　　　ベテランの起こす違反
├─チームの意思不疎通（10章）
│　　　　コミュニケーションエラー
│　　　　人間関係
└─組織の不適切行為（11章）
　　　　　トップの識見
　　　　　安全文化

個人の起こすエラー

チームのエラー

組織のエラー

> **業務上過失罪ということ**
>
> 　事故を起こした人が，業務上過失罪に問われることがあります．その理由は，社会は，業務にあたる人に注意義務を求めているからです．注意義務とは，職務に応じた"careful"な態度やふるまいというような意味で，具体的には，"このまま仕事を続けていたら，どのようなことになるか"という，結果を予見すべき**結果予見義務**と，もし，よからぬ結果が予見できたのなら，"それを回避するための措置をとる"**結果回避義務**の二つの義務から構成されるといいます．これは**リスク予見**と**リスク回避**ということです．危ないものを扱う人ほど，このまま仕事を続けていて大丈夫だろうか，ヒューマンエラーは起きないだろうか，事故にならないだろうか，ということを常に考えていなくてはいけないということと思います．

2.3.2　人間特性からみたヒューマンエラーの種類

　現実のヒューマンエラーはいろいろな要因が絡み合って生じるものですが，人間特性に基づいて思い切って単純化してみると，個人，チーム，組織のスケールに応じて，次のヒューマンエラーの形態が考えられます．
① 　人間能力的にできないという**できない相談**
② 　取り違い，思い込み，ミステイクなどの判断の**錯誤**
③ 　し忘れなど，記憶の**失念**
④ 　その作業を遂行するのに必要な**知識不足，技量不足**
⑤ 　手抜きや怠慢などの**違反**
　また，チームでの仕事となると，
⑥ 　チームの**意思不疎通**

がヒューマンエラーの原因になることがあります．なお，ここでいうチームとは，まさに今，声掛けをしながら一緒に仕事をしている人もそうですし，引継ぎメモなどを介しながら業務にあたる場合も含まれます．
　さらには，"会社ぐるみ"と報道されるような事故や，多発する経営悪化による事故のように，
⑦ 　組織の**不適切行為**

> ### 「すべきこと」は事前に定められているか？
>
> 　ヒューマンエラーとは，すべきことが果たされないことをいいますが，その「すべきこと」があらかじめ明確に決まっている場合と，後から振り返って「すべきこと」を指摘される場合とがあります．
> 　前者の例として，濃硫酸から希硫酸をつくるときのすべきことがあげられます．水に濃硫酸を注がなくてはなりません．その逆をすると水和熱で突沸し，必ず事故になってしまいます．細部にいたるまで，あらかじめ決められたとおりのことをしなければなりません．技術の取り扱いにおいて起きるエラーは，ほとんどがこのタイプだと思います．
> 　一方で，自動車の運転を考えてみます．道路の混雑度や気象条件など，運転状況は時々刻々変わります．そこで，その状況に応じた適切な判断や対応が安全への鍵となります．それがうまくいかない（ときには裏目に出る）と，"ああすればよかったのに"と，後知恵でエラーといわれてしまいます．
> 　ヒューマンファクター研究の第一人者である E. Hollnagel は，前者に関わるタイプの安全を Safety-I，後者を Safety-II といっています．前者の目標がエラー撲滅にあるとするなら，後者は柔軟な対応力（レジリエンスといいます，8章参照）にあるといえるでしょう．実際の現場では，この両者が求められていると思います．

も問題です．この場合には，一人ひとりのエラーに注目するより，組織の状態にメスを入れなくてはなりません．

　本書では，この分類に従って，各ヒューマンエラーを詳細に検討していきます．

2.3.3　ヒューマンエラーの背後要因

　同じ人が同じ仕事をしていても，ヒューマンエラーを起こすときと，起こさないときとがあります．詳しくは8章で述べますが，この違いは，背後要因の違いに求められます．たとえば，体調の良し悪し，意欲などの本人の内的な問題や，綱渡りであれば美男美女の観客に目を奪われた，というような不注意の誘因，また暑さ寒さや，残り時間わずかなどの，作業環境や作業条件などです．管理者や社長の態度というものも現場にプレッシャーを与えます．ヒューマンエラーの防止を考えていくときには，これら背後要因についても良好化をはかっていくことが大切です．

3 できない相談

　まずは,「できない相談」です．これは「できないことはできない」というヒューマンエラーで,人間の能力の限界を超えることをさせるために生じるエラーです．本人のL対策ではいかんともしがたいヒューマンエラーです．

3.1 人間の能力の限界

　私たちは,ものを見たり,聞いたりして判断し,手や足を使って動作をします（図3.1）．この"見る,聞く""判断する""動作する"ということには,それぞれ視力,聴力,判断力,記憶力,操作力,巧緻動作能力などの"〜力"が必要です．しかし,その能力には限界があります．そこで,この能力の限界を超えるようなことをさせられたのなら,できないことはできない,ということでエラーが生じます．

3.2 視力と聴力

　あるホテルのバスルームでの話です．コックが二つあり,そこにはWARM,COLDと細く刻んでありました．しかし,私は眼鏡をとるとぜんぜん見えないし,おまけにバスルームは暗いときているので,どちらがお湯でどちらが水か,これでは運まかせという感じです．熱湯を浴びてしまい,そのときにホテルの人に,"お客さんがぼんやりしているからですよ．ちゃんと注意してくれないと困ります"などといわれたのでは,"ふざけるな！"といいたく

28　3　できない相談

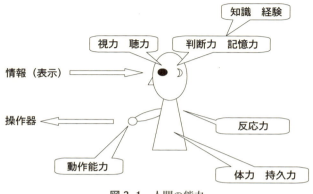

図 3.1　人間の能力

なってしまいます．みなさんも納得できないのではないでしょうか．このような重要なことは，だれの目にもきちんとわかるように，大きくはっきり書いておいてほしい，という気持ちになります．

聴力も同じです．一人暮らしのお年寄りが電話機を交換したそうです．息子さんが電話をしたところ，何度かけても応答がありません．びっくりして駆けつけたところ，じつは電話のベル音量が小さくて，気づかなかったということでした．

私たちは，五感を通じて，作業の状況を把握します．五感とは，視覚，聴覚，触覚（皮膚感覚），嗅覚，味覚です．なかでも作業で重要となるのは，視覚，聴覚でしょう．視覚の能力が視力，聴覚の能力は聴力ですが，これらには限界があります．限界以上のことはできないのです．

事業所でも，バスルームや電話のベルと同じようなことはないでしょうか．現場では，作業者にかならず伝えなければいけないことがあると思いますが，そのようなことがらは，確実に伝わるよう，明瞭に表示されているでしょうか．表示がなかったり，死角に入っていたり，見にくかったり，意味がわからなかったのでは，それは相手に伝えたことにはなりません．それを，"この表示を守らなかったあなたの責任だ"というのはおかしいわけです．

次のステップで，「表示パトロール」をしてください．

■ 視覚表示のパトロール

ステップ1　まず視野を考えなくてはいけません．視野は，視線の周り，上下60°，左右110°程度の範囲です（図3.2）．この範囲を超えると，表示は見えません．天井から降りてきたクレーンに頭を直撃されたという事故がありましたが，視野外の情報は見えないから気がつかれないのです．交差点でも停止線と信号機の位置関係が悪いと，信号は視野から外れてしまい，信号が変わったことに気づけないことがあります．信号の位置，あるいは停止線の位置を変えなくてはだめです．立食パーティーでは，かならず一人や二人，テーブルのビールのコップを服の裾で引っかけて倒しています．オフィスでは，足もとをはう電気コードを引っかけている人がいます．偶発的接触ですが，これらも視野から注目すべきものが外れてしまっているのです．コップの置き場所，コードの引き方を考え直さないとだめです．

作業者の位置に立ち，作業姿勢をとったとき，作業者に気づかせたいものは，視野内にあるか？　をまずチェックします．もし視野外にあるのであれば，コードの引き方を変えるように危険なものを排除するか，大きなサイレンを鳴らしてからクレーンを動かすようにするか，あるいは視野内のよく見えるところに表示を移動することを考えなくてはなりません．

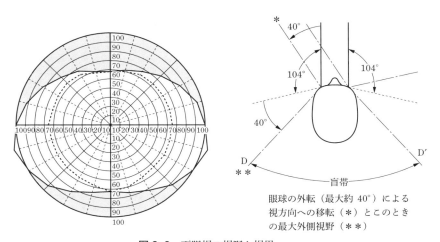

図3.2 両眼視の視野と視界
［真島英信，"生理学"，文光堂（1978）］

眼球の外転（最大約40°）による視方向への移転（*）とこのときの最大外側視野（**）

ステップ 2 　　視野内に表示されていればよいかというと，それだけでは不十分です．「死角」を考える必要があります．死角とは，見るべきものが，ものや自分のからだの陰になってしまうことです．当然，死角があってはいけないし，死角の中に表示がはいるようなことでも困ります．

　機械と床との間を掃除しようと隙間に手を差し伸べたところ，機械の底部のバリ（鋭利な部分）で手を切ってしまった，という事故がありました．このとき，"ぼんやりするな！　注意してことにあたれ！" といわれても困ります．バリが見えないからです．ただしこの場合，バリがよく見えるよう死角をなくせ，というのはいささか変です．リスクの話に立ち返り，バリを取り除く（ハザードの除去），バリを丸める（ハザードの緩和），手が入らないよう隙間をなくす（ハザードの隔離）といったことが先決です．

　視野内であっても，視力は同じではないことにも注意する必要があります．図3.3に示すように，視力が1.0の人でも，それは視線を向けた方向での話であって，視線から数度はなれると，視力は急速に悪くなります．これは眼底の視細胞の分布が一様ではなく，視線から離れるにつれて，視細胞が指数的に減少するためです．ですから，作業者がもっぱら注目しているところから離れれば離れるほど表示は大きく，かつ明滅させるなどの変化をさせないと，気が

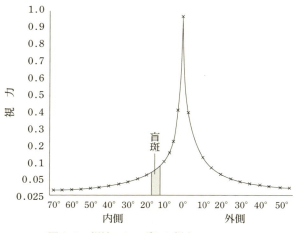

図3.3 視線からのずれと視力
［真島英信，"生理学"，p. 241，文光堂（1978）］

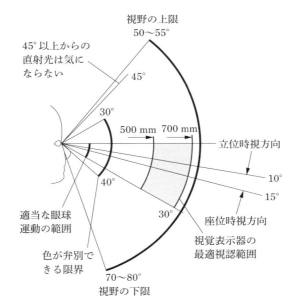
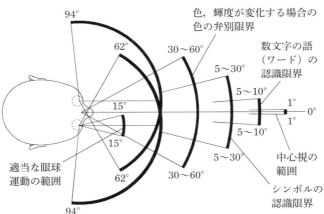

図 3.4 視野と弁別能力
［Royal Naval Personnel Research Committee："Human Factors for Designers of Naval Equipment", Medical Research Council（1971）］

> **チョウがカラフルなのはなぜ？**
>
> 　チョウがカラフルなのは，花畑の中に身を隠すためだそうです．これは目立たせなくするための知恵ですが，事業所では，掲示や表示が花畑になっていないかをチェックする必要があります．安全衛生のポスターや標語，注意表示，作業指示などが所狭しと貼ってある事業所もありますが，これでは逆効果です．表示は何でも出せばいいものではないのです．べたべたと表示がしてあっては，どれが重要なのかよくわかりません．その結果，結局何も伝わらずに，作業者は自分勝手にやってしまうことになってしまいます．
> 　さらにいうと，表示は必要悪という立場に立つべきです．表示を出さなくても，作業が確実に行えることが重要です．その表示が本当に掲出に値するものなのか，そのような表示を出さなくてもすませることができないか，よくよく考えなければなりません．

つかれません．パソコンでも，画面の右下の時計アイコンには気がつかないと思いますが，これがもし大きく明滅すると，すぐに気がつきます．

　ステップ3　視野内の視線の向いたよい位置に表示を出しても，それが小さければ，先ほどのバスルームのコックのように，何が書いてあるかわかりません．万一，見落とされると重大な被害が発生する情報ほど，大きく，くっきりはっきりと表示する必要があります．とくにバスルームのように蒸気が発生するところ，照明条件が悪く，薄暗いところやグレア（まぶしい光）が生じるところ，保護めがねの着用が義務づけられているところでは要注意です．裸眼で読めたとしても，作業時には見えません．作業条件で確実，容易に読み取れるかを確認する必要があります．

　あわせて，表示の意味がわかるかどうかもチェックする必要があります．WARM，COLDでは，表示に気づいても，その意味がわからない人もいるかもしれません．

■ 聴覚表示のパトロール

　事業所で聴覚表示というと，機器のアラームが代表的なものでしょう．視覚表示と違い，視野や死角という問題は生じないので，その点はよいのですが，"アラームは鳴らせばよいというものではない"ということは覚えておく必要があります．いくつかポイントを示します．

(1) 加齢とともに高音が聞きにくくなる

　年をとってくると，1.5 kHz 以上の音が聴き取りにくくなります．結果，高音のアラーム音だと，気づかれないおそれがあります．低めのアラーム音を併用するなど，加齢配慮がなされているかをチェックする必要があります．

(2) 作業背景音に埋もれる

　フル操業の事業所では，騒音にアラームがかき消されてしまうおそれがあります．アラーム音量の調整や背景騒音に埋もれない音程かどうかをチェックする必要があります．

(3) 複数のアラームの識別ができなくなる

　複数の機器のアラームが同時に鳴ると，いったいどの機器のアラームなのか，わからなくなることがあります．家庭でも，ポット，炊飯器，洗濯機，電子レンジが同じようにピーピー鳴ると，いったい何が鳴っているのかわからなくなることがあります．また同じ吹鳴パターンなのに，ある機器では警報に使用され，ある機器では，たんなる"お知らせ"に使用されているなどのケースもあります．その結果，違う機器をチェックする，"お知らせ"だと思い込んでアラームを放置するなどのヒューマンエラーにつながります．複数の機器を併用する職場では，その識別性についてもチェックすべきです．

(4) アラームはうるさい

　アラームは注意を喚起するものなので，うるさい，うっとうしいです．機械トラブルのさいのアラームも，トラブルシュートをしている最中にまでピーピー鳴っていると，いらいらしてきます．いらいらしてくると，ヒューマンエラーが増えます．また，アラームがうるさいからとリセット（消音）し，そのあとリセット復旧操作を失念した例もありました．リセット時には完全に消音してしまうのではなく，いらいらしない程度に吹鳴し続けるものがよいようです．

錯視とヒューマンエラー

　錯視，錯覚ということをご存知の方も多いと思います．これは，実際の物理的状態と，見え方とが異なるという現象です．図をご覧ください．Hering錯視では，平行線が膨らんで見えてしまいます．これを，まっすぐに見ないあなたが悪い，といわれても困ってしまいます．錯視も"できない相談型ヒューマンエラー"の一つということです．

　ところで錯視は，困ったヒューマンエラーというより，むしろ積極的に利用もされています．たとえば，ダイヤの指輪では，リングを細く，ダイヤを支えるツメも華奢につくります．そうすると，Ebbinghaus錯視により，小さなダイヤが大きく見えます．道路に陰影感を与えるペイントを描くと，ドライバーからは立体障害物があるように見えるので，車はスピードを落としてゆっくり通過します．これは陰影による錯視といわれるものです．

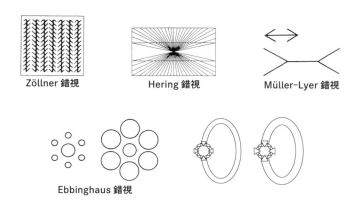

陰影感のあるペイントが描かれた道路

3.3 記憶力

記憶は5章で説明する失念とも関係しますが,ここでは,短期記憶を中心に説明します.

人間の記憶には,3段階があります(図3.5).

まず**感覚記憶**.これは残像のようなものです.明るい蛍光灯を見つめて,目を閉じると,ボワーンと像がまぶたの裏に残ると思います.光が強ければ強いほど,長い時間残ると思いますが,それでも数百ミリ秒程度で消失してしまいます.

次は**短期記憶**.たとえば,電話番号を覚えようとすると,目にしたその番号は残像としてまぶたの裏に残るのではなく,頭の中で数字として響いています.しかし,ふっと気が緩むと,すぐに消えてしまいます.でも,頭の中で意識的に繰り返していれば消失しないし,もっと積極的に"ごろあわせ"を考えていると,"覚えた"という状態になります."覚えた"という状態になれば,気が緩んでも,再び思い出すことができます.これが**長期記憶**ということです.コンピューターでいえば,短期記憶は電気を切ると消えてしまうような記憶です.しかし長期記憶はハードディスクに書き込んだようなもので,呼び出してくることができる記憶です.

このなかでヒューマンエラーと密接な関係にあるのは,短期記憶です.

図3.5　記憶の3段階仮説

3.3.1 短期記憶には限界がある

図3.6を見てください.数字がたくさん書いてあります.これを1回読んで,覚えてください.そして,その数字をノートに書き出してください.

全部書けましたか? 見たはずなのに,全部は書けなかったのではないでしょうか? いくつ数が書けたましたか? 頑張った人でも9個くらい,なんとなく取り組んだ人は2〜3個,といったところではないでしょうか.

```
2 6 8 1 0 2 8 2 9 8 8 0 8 8 7 8
```
図3.6　短期記憶の実験

　これは短期記憶の実験です．マジカルナンバー7プラスマイナス2（7±2），という有名な心理学の理論がありますが，頑張っても，短期記憶に留められるアイテム数はだいたい5〜9個，平均7個ぐらいでしかない，という実験です（なお，このアイテム単位の"個"は，意味ある情報ユニットということで，心理学ではチャンクという単位を使います）．

　ところで，一度に記憶にとどめられるアイテム数が7個（最大9個）だからといっても，それは，頑張って覚えようとした場合であって，普通の状態ではせいぜい3個といったところです．それ以上の項目を一度に見たり聞いたりしても，短期記憶をオーバーフローしてしまい，覚えられないのです．ですから，朝礼や作業指示などでいろいろいっても，管理者の気休めでしかないというものです．本当に重要なこと2〜3個に留めなければだめです．

3.3.2　短期記憶は消失しやすい

　電話番号は，市外局番や携帯電話の最初の090などを除いてせいぜい7〜8桁です．一応，限界内の個数ではありますが，これを聞いて頭の中で繰り返していても，電話をかけている間にわけがわからなくなってしまいます．うろ覚えの中で電話をかけると，案の定，間違い電話となってしまった，というヒューマンエラーを経験した方は多いと思います．これを，あなたの不注意といわれても困ってしまいます．

　項目数が少なければ多少は楽ですが，同じことです．たとえば，よその会社を訪問し，受付で"5階の第2会議室へどうぞ"と案内されても，エレベーターに乗ったとたん，何階に行けばよいのかわからなくなってしまった，という経験はないでしょうか．化学プラントでは"第五系統第8弁閉鎖"と指示を受けて現場に出たものの，何番弁かあやふやになり，間違った弁を閉めてしまった，というトラブルがありました．これも同じです．

　頭の中に情報を留めておこうとしてもだめなのです．文書で指示する，メモをとるなど，情報を書き出し，現場でそれを参照する，ということをしなくて

はだめです．これを"記憶の外在化"といいます．

3.3.3　意味のない項目は混同されやすく，忘れやすい

　以前，出張先のホテルで，507号室に泊まったことがあります．その鍵をフロントに朝預けて，夕方戻ってきたとき，前泊したホテルの部屋番号528号室と混同して，508号室の鍵をくださいといってしまったことがあります．ホテルの部屋なら，笑い話ですむかもしれませんが，産業となるとそうはいきません．数字が一つ違っていただけで，大事故になりかねません．

　ところで，先ほどの短期記憶の実験の数字「2681028298808878」ですが，これにはじつは，ゴロがありました．「268 風呂屋　1028 豆腐屋　298 肉屋　808 八百屋　878 花屋」です．

　今度はどうでしょうか？　覚える数が5チャンクと，少なくなったということもあると思いますが，すっと頭に入ったのではないかと思います．これは，覚えるべき項目が，"意味がある項目"だからです．一方，数字列のようなものは，"無意味"ですから，頭に入りにくいのです．

　事業所ではアルファベットや数字が使われることが多いと思いますが，それらは記憶しにくく，混乱しやすいものです．ですから，覚える個数が少なくても，とりわけ数字やアルファベットの指示は，かならず文書で出すことを考えなくてはいけません．また，言い間違い，書き間違いもしやすいので，指示を受けた側も，本当に間違いないか復唱確認する，ということを職場の作法としなければいけません．先ほどのホテルの話でいえば，フロント係は，お客様にレセプションカードの提示を求めるか，お客様が部屋番号を口頭でいったときには，部屋番号を復唱し，さらに宿帳で氏名を確認しなくてはならないでしょう．さもないと"鍵の受け渡しヒューマンエラー"は早晩発生します．SHELモデルでいえば，S（ソフト）を変えないと対応がつかないヒューマンエラーといえます．

3.3.4　いっそ記憶をさせないですまないか

　記憶の外在化をおし進めると，ヒューマンエラーを確実になくすことができます．たとえば，自分の電話番号のメモを渡すのではなく，相手の携帯電話に

自分の電話番号を送信してあげれば，メモの見誤りも気にする必要がなくなります．鉄道の"SUICA"や"ICOCA"のような電子カードもそうで，切符券売機の運賃表を見誤ったり，覚えたはずの料金を忘れてしまって，間違った切符を買ってしまうこともありません．商店のレジでは値札をやめてバーコード入力にすれば，レジ係りの値札見間違いやキー入力間違いもなくなります．

3.4 動作能力

新聞に，86歳のおじいさんにテレビを買ってあげたのだが，リモコンが問題だったという投書がありました．ボタンが小さく，隣接しているため，おじいさんが二つのボタンを同時に押してしまい，「放送番組見間違い事故」を起こすというのです．このとき，おじいさんに向かって"あなたがぼんやりしているからだ""不注意だからこうなる"といったのなら，おじいさんは困ってしまいます．ボタンを大きくしなければだめなのです．SHELモデルでいえば，H（ハード）を考えないと対応がつきません．人間の寸法や巧緻動作能力（細かい作業の能力）には限界があります．それに適合しないハードを与えておいて"きちんとやりなさい"といっても，できないのです．

事業所ではどうでしょうか．テレビのリモコンなら，押し間違いをしても放送番組見間違いですみますが，これが産業用機器のコントローラーなら，誤起動により死傷事故を招いたり，不良製品をつくることになってしまいます．

3.5 反応力

二人でペアになり，図3.7のように，一人（Aの人）が30 cmのものさしの端をもちます．もう一人（Bの人）はそれをつかめるように構えます．この状態で，Aの人は，ものさしを何の予告もせずに不意に放します．Bの人はこれを落とさないようにつかむのですが，つかめたでしょうか？ つかめたとして，ものさしは何cm，落下したでしょうか．これを，すぐにつかめなかったあなたの頑張りが足りないといわれても困ります．人間は，見て，判断して，動作をするまでにそれなりの反応時間がかかります．それより短い時間内に

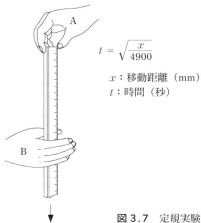

図 3.7　定規実験

は，行動が完結しないのです．ちなみに，このときの落下距離を x mm とすると，Bの人の反応時間（見て，あっと思って，指を閉じるまでの時間）は，

t（秒）$= \sqrt{\dfrac{x}{4900}}$　で求められます．

　ところで，Aの人が"ハイッ"と声をかけてから落としたらどうでしょうか．この場合には，それほど落下せずにつかめたと思います．つまり，事前予告があれば，身構えているので，反応時間は短くなるのです．

　このことは，時間的な制約が存在する作業で問題となります．ある町の4車線道路では，住宅の立ち退きの関係で突然2車線となっている箇所があります（図3.8）．この2車線となっているところで，左車線を走行してきた自動車が，そのまま住宅に突っ込む事故が相次いでいます．車線減少に気がつくのが直前なので，対応がつかないのです．これを，ドライバーの前方不注意と片づけるのは不適当です．車線減少をなくすことがベストですが，それができない以上，はるか以前から車線減少の予告をし，道路面にペイントで車線規制の誘導をする必要があります．事業所であれば，ロボットや自動機械の作動前に，作動予告音を鳴らすことが大切です．それにより退避の余裕を与え，また，作動に向けて，からだを構えることができるからです．

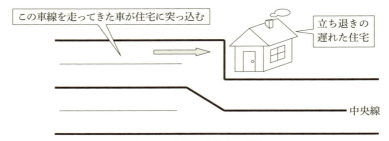

図 3.8 事故の多発する道路

3.6 「～にくい」ものをなくすのが先

3.6.1 人間工学設計基準を活用する

　見にくい，聞きにくい，わかりにくい，覚えにくい，扱いにくい，押しにくいなど，私たちはしばしば，「～にくい」という表現をします．「～にくい」ということは，人間の能力を超えることをさせられた証拠です．頑張ってもエラーと隣り合わせ．まさに綱渡りそのものです．

　人間工学では，古くから，「～にくい」を「～やすい」にする設計基準を研究してきています．先ほどのボタンの話でいえば，"押しにくい"を"押しやすい"にするためには，図 3.9 に示すように，ボタンの直径は最低 12 mm，ボタンとボタンの中心間距離は 19 mm にすることが推奨されています．このようにすれば，押し間違えは格段に減少します（公衆電話のプッシュボタンは，この基準でつくられています）．ボタン寸法に限らず，作業域（手が届く

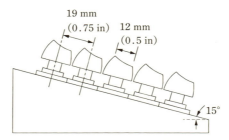

図 3.9 キーボードのキーサイズ間隔の推奨基準
[Eastman Kodac Company："Ergonomic Design for People at Work", Vol.1, p.138, Lifetime Learning(1983)]

惰性 KY

　KY（危険予知）中毒ということがあります．KY をやりすぎると，やりにくくて危険なことがあっても，直せばいいのに直さないでおいて"あそこに危険があるから気をつけよう，ヨシッ！"とやっていることです．もちろんKY は，危険感受性を育む優れた方法なのですが，管理側は KY をやっていれば安心だと思ってはだめです．なぜそこに危険があるのか，KY をしなければいけないのか，をよく考えなければいけません．

　そもそも"見にくい""やりにくい""歩きにくい"などの「〜にくい」ものがあるから，KY をやっているはずです．KY 箇所が何箇所もあるというのは，決してほめられたことではないのです．危険への感受性を高めるのはよいのですが，その結果を現場改善へとつないでいくことが第一義です．

範囲)，文字サイズ，アラームの吹鳴など，「〜やすい」ための人間工学の設計基準は，さまざまなものが開発されています．ぜひ参照していただきたいと思います．

　事業所の中で，「〜にくい」もの調べをすることをおすすめします．そして，人間工学的な改善をお願いします．「〜にくい」ものがあれば，早晩，かならずヒューマンエラーは起きるからです．

3.6.2　「注意」表示を解消する

　事業所の中には，さまざまな「注意表示」があるのではないでしょうか．頭上注意，高電圧注意，足元注意……．注意表示というのは，注意をしないと作業ができないことを表明しているわけであり，設備や作業環境の問題を，本人の問題へとすり替えているといえます．もちろん，事業所の中から，設備や作業環境の問題をすべて排除するのは困難なものです．たとえば，日々現場の状況の変わる建設現場では，"足元注意"といわざるを得ないということもあるとは思います．しかし，だからといって，"足元注意"は威張れたことではありません．5S（整理，整頓，清潔，清掃，躾）を徹底すれば，少なくとも注意の程度は少なくてすむはずです．半歩でもよいですから，"〜注意"をなくせないか，事業所では常に考えていただきたいと思います．

5 S 活動

5S活動は有名なので,みなさんご存知だと思います.要点をかいつまんでみましょう.

- **整理**(seiri): いらないものはどんどん捨てること.
  物が多いと取り間違いのエラーが増えてしまいます.
- **整頓**(seiton): 複数あるものは,取り出しやすく,もとの位置に戻しやすく,戻し忘れに気づけるようにすること.
- **清掃**(seisou): 細部まで汚れをなくすこと.その際には細部まで点検すること.
- **清潔**(seiketsu): 汚れのないきれいな状態をつくること.
- **躾**(shitsuke): 決められたことを決められたとおりに行うように習慣づけをすること.

みなさんの職場でも,ものは増える一方で,その並びも崩れる一方ではないでしょうか.気を緩めるとデスク周りは汚れる一方で,やがてはルールを守ろうという人の心も乱れてきます.そこでぜひ,定期的に5S状態を見つめていただきたいと思います.

3.6.3 職場のバリアフリー

社会の高齢化に伴い,事業所にも高年齢者が増えてきたのではないでしょうか.この傾向は今後もいちだんと進むと思います.

加齢とともに,基礎的な身体能力は低下します.図3.10に,年齢別の身体能力(ここでは平衡能力)の測定結果を示します.20歳代をピークに,徐々に能力が低下してきていることがわかります.これは,視力,筋力など,すべての身体能力も同じです.その結果,重量物を取り扱う職場では,高年齢者は,力負けをして労働災害を起こす心配が出てきます.また作業ペースが速いと,追いついていけずにミスをする,細かい表示はよく読めないので,これもヒューマンエラーにつながってきます.事業所の作業手順や設備機器が,若年者を前提につくられていたのでは,高年齢者は,体力的にうまく対応ができなくなる場合があります.もちろん,高年齢者は,それまでの豊かな経験や知識をもとに,優れた洞察力を発揮し,仕事を手なずけることができます.一方,若年者は,乏しい経験の中,力まかせに作業をするので,逆に無理なことを平気で行い事故を起こす,という問題もあります.ですから,体力測定の結果から,高年齢者を短絡的に事故多発者と決めつけることは不適当です.しかし,作業設備や作業手順の負荷を下げれば,高年齢者がよりいっそう,作業能力を

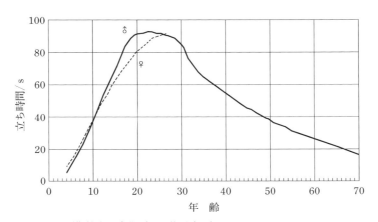

図3.10 平衡能力の変化(閉眼片足立ち)
[東京都立大学体育学研究室,"日本人の体力標準値 第4版",不昧堂出版(1989)]

> **健康づくりとヒューマンエラー**
>
> 　図3.10に示したように，身体能力は20歳代がピークで，あとは徐々に低下していきます．老化ということですが，健康に気を使い，摂生をしていると，低下は緩やかです．逆に，飲酒やタバコ，メタボリックシンドロームをあまくみていると，急降下してしまいます．健康づくりはヒューマンエラー防止にとっても重要です．また20歳までの若者もからだを鍛えておかないと，低いピークから体力低下がはじまってしまいます．ピークを高くもち上げるために，若いときの体力づくりが大切です．ヒューマンエラー防止のためにも，子どもから大人まで，自分の健康を気づかうことは大切ですね．

発揮できるということは大いに期待できます．
　つまり，職場のバリアフリー，ユニバーサルデザイン，快適職場づくりが必要ということで，高齢者をはじめとする多様な人材を雇用するうえで，いちだんと重要になってきています．

「錯誤」というヒューマンエラー

　見間違い，取り違い，思い違い，思い込み，考え違いなどのヒューマンエラーを，「錯誤（スリップ）」といいます．意図せずに起こしてしまうタイプのヒューマンエラーで，だれでも苦い経験の一つや二つ，あるのではないでしょうか．錯誤は，大きく二つに分かれます．一つが「取り違い型」，いまひとつが「思い込み型」で，いずれもベテランになるほど増えます．そこで，"ベテランの起こした初歩的ミス" と新聞に報じられることもあります．

4.1　ベテランはなぜ錯誤が多いか

　ベテランは初心者に比べれば作業が早いです．自動車の運転でも，教習所に行きだしたころは，悪戦苦闘で，教官の指示を必死で聞きながら周回コースを回るのに対し，免許を取った今は，同乗者とおしゃべりしながら，スムーズにくねくね道を通過していくことができます．なぜでしょう？

- マニュアルを読んだり，上司の指示を受けながら作業をする必要がない．つまり，作業に関する知識が頭の中にはいったので，外部から作業情報を獲得する必要がない．
- からだの動かし方，ふるまい方が，一つの"型"として身につき，意識しなくともからだが動く．テニスでも剣道でも，慣れてくると，ラケットや竹刀の振り方をいちいち意識しなくとも，からだが自然と動くようになるのと同じ．

　これらのことは，J. Rasmussen の SRK モデルで説明することができます（図

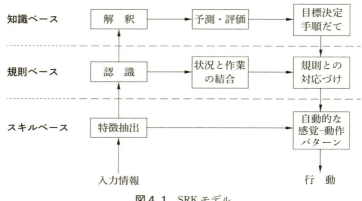

図 4.1 SRK モデル

4.1）．私たちははじめて出合った事象に対応するときには，自分の知識を総動員して，それでもわからなければ本を調べたり，だれかに聞いたりして対処します．**知識ベース**（Knowledge ベース）の行動といわれる段階です．しかし慣れるにつれて，事象の特徴を把握して，その特徴をもとに対処方法をセレクトして対処するようになります．**規則ベース**（Rule ベース）の行動です．さらに慣れると，からだがひとりでに動きます．これが**スキルベース**（Skill ベース）の行動です．知識ベースでは，意識的に考えなくてはならないので，時間がかかりますが，規則ベース，スキルベースとなると，無意識のうちに行動ができるので，時間がかからないのです．

しかし，ヒューマンエラー的にみると，ここに落とし穴があります．無意識のうちに行動するということは，裏返すと注意していないということでもあり，不注意状態で作業をしているということにもなります．そこで，慣れれば慣れるほど，不注意的な錯誤が増えるということになってしまうのです．

4.2 「取り違い」のヒューマンエラー

4.2.1 取り違いとは

ある病院で，患者に蒸気を吸入させる加湿器に，蒸留水ではなくエタノールをセットしてしまった事故がありました．しかも数日間もアルコールを吸入さ

せ，最後は患者がアルコール中毒で死亡してしまいました．看護師は，蒸留水をセットしなければいけないことは当然，知っています．知識不足のヒューマンエラーではありません．酒好きの患者さんに好意でセットしたという，故意のヒューマンエラーでもありません．エタノールと蒸留水のタンクの外見が似ていたので，取り違えてしまったのです．こういう事故で，看護師をなぜそんなことをしたのか，どうして間違ったのかと詰問してみても，要領を得た答えは返ってきません．本人もよくわからないのです．わかっていたのなら，そんなことはしません．よくわからないというのが，錯誤の特徴です．無意識のうちにやってしまうわけですから，当然といえば当然です．

また別の病院では，患者の酸素マスクに，二酸化炭素ボンベをセットしてしまい，患者が窒息死したという事故がありました．同じボンベ庫に，酸素ボンベと二酸化炭素ボンベがあり，看護師が誤って二酸化炭素ボンベをもってきてしまったのが事の発端です．

輸血ミスも，ときどき新聞に報道されます．A型の患者にB型を輸血するなどというもので，交叉試験（血液型の同定試験）の失敗や交叉試験の手抜き，というケースもありますが，もっと単純に，血液庫から異型血液を取り出して輸血していた，というケースもあるようです．

医療ではこの種のヒューマンエラーは少なくなく，患者取り違い（手術のさいに患者を取り違える），薬剤取り違い（名称や外見の似た薬を取り違えて服用させてしまう），輸液ライン取り違い（複数の点滴をしている患者で，違う点滴ラインから薬液を注入してしまう）など，死亡事故となり新聞に大きく報道されることもあります．

これらのヒューマンエラーの共通点は，すべて"することはしているが，作業対象の同定に失敗している（抜けが出ている）"ことです．最初の事例では，［液体はセットしているが"蒸留水かエタノールかの同定に失敗している"］．次の事例では［ボンベはもってきているが，"酸素か二酸化炭素かの同定に失敗している"］．輸血では，［輸血はしているが，"A型，B型の血液型同定に失敗している"］．

ベテランになればなるほど，作業対象の意識的な同定，識別，確認をすっ飛ばす傾向が強くなります．すっ飛ばすから作業が早いともいえます．

4.2.2 取り違いの防止

異なるものを取り扱うときに「取り違い」を防止する対策として，次があげられます．

(1) 異なるものを，同じところに置かない

SHELモデルでいえば，E（環境）に対する対策です．同じところに置かなければ，取り違いの発生のしようがありません．作業対象の識別を飛ばしても，1種類のものしかなければ，取り違いは発生しません．ボンベ取り違いであれば，種類の異なるボンベを，同じボンベ庫に収納してはいけないのです．

(2) S（ソフト）対策も重要

コピーを取るべき書類と，廃棄すべき書類とを同時に扱っていると，廃棄すべき書類のコピーを取っていたり，コピーを取る書類をシュレッダーにかけてしまったりします．同時に異なるものを取り扱ってはいけません．

(3) 物理的識別をつける

H（ハード）対策です．じつは二酸化炭素ボンベと酸素ボンベは，緑，黒で色分けがなされていますし，また輸血バッグには，A型，B型と大きく印字されていますが，それでも気がつかないのです．目に映れど心ここにあらずなので，ちょっとやそっとの表示では意識にのぼらないのです．そこで，ヒューマンエラーを起こさせないためには，物理的形状を違え，見た目も，触った感触も，まったく別のものと意識づけさせる必要があります．また，ボンベであれば，二酸化炭素ボンベの口金を替えることで，酸素マスクが接続できないようにすべきです．つまり，ヒューマンエラーを事故につなげないための，システム的対策（フールプルーフ）を講じることも必要です．

(4) "識別部分"を意識するくせをつける

自分自身のLに対する対策です．指差し確認の躾をしている事業所は多いと思いますが，"ボンベよし""血液よし"ではだめで，"酸素よし""A型よし"と識別部分を指差し確認，声出し確認させることが大切です．声出しにより，識別部分が意識にのぼりますし，もし間違ったことをいっていれば，ほかの人が気づくことも期待できます．ただし，"目で見たことを意識にあげる"という意味を考え，確実に識別部分を読まなければだめで，さもないとB型

> **慌てると増える「取り違い」**
>
> 　"取り違い"はベテランだけではなく，慌てているとき，急いでいるときにも多発します．駅のホームで発車ベルが鳴っているとき，慌てて行き先や列車種別を確認しないで電車に飛び乗った経験はないでしょうか．私も，飛び乗った電車が特別快速で，目的駅を通過……，などという情けない経験をしたことがあります．また，試験残り時間わずかとなると，解答欄を間違って記入して，せっかく正答なのにゼロ点，などという経験をした方もいらっしゃると思います．
>
> 　急いでいても，やることはやらなくてはなりません．電車には乗らないといけないし，試験の解答は書かないといけないのです．となると，識別部分をすっ飛ばして，時間を稼ぐしかありません．心に余裕をもつこと．急がば回れ．慌てない．慌てるという字は，心が荒れるという字です．ろくなことはありません．

の血液バックを見ながら，"A型よし"と叫んでいることもあります．

　話は少しもどりますが，じつはボンベの口金対策では，焦っていると酸素マスクをつなごうと，口金を壊してむりやり接続するようなこともあります．取り違えたボンベが，酸素ボンベであると「思い込んでいる」ためです．フールプルーフはエラーを事故に結びつけない最後の砦ですが，確実でないこともあるのです．

　まずは，"同じところに異なるものを置かない"こと．それと同時に"物理的識別""識別部分を声出しする"こと．フールプルーフはそれらをし尽くしたあとに，念のために行うものでもあるのです．

4.3 「思い込み」のヒューマンエラー

4.3.1 思い込みとは

　私の経験です．私の職場では，定例会議は16時開始と決まっています．しかし，その日に限って15時開始でした．数日前に配布された会議開催通知には，確かにそのことが記されているのですが，当日，のこのこ16時に会議室に向かい，恥をかいてしまいました．

この話は，それまでの過去の経験に行動が支配されている，つまり，定例会議は16時から，と思い込んでいるということです．私たちは，過去の経験，ありがちなこと，その場の雰囲気，期待感などから，"これはこういうものだ"という前提を立てて，無意識のうちにその前提に支配された行動をします．この前提のことを「概念」とか「メンタルモデル」といいます．前提を置くことで，物事の理解も早まるのですが，逆にいうと，それに引きずられて，その前提における理解，つまり思い込みをするようになります．ですから，慣れれば慣れるほど思い込みが増え，"いつもと異なるときに，いつもと同じ行動をする"というヒューマンエラーをすることになります．

「思い込み」を体験する

「思い込み」は，私たちも日常的に体験します．事業所で部屋替えをしたり，席替えをしたときに，今までと同じ部屋に入って行ったり，以前の席に座ってしまった経験はないでしょうか．頭だけではなく，からだも思い込んでいる，いつもの行動が刷り込まれているといえそうです．こうしたヒューマンエラーを経験したことがない，と自信をもっていえる人はいないと思います．"いや，私は絶対にそんなお粗末をしたことはない"，という人は，図を見てください．上段，下段とも，真ん中にある文字は同じものです．しかし，上段はB，下段は13と読みたくなるのではないでしょうか．同じ情報でも，周辺状況により，理解の仕方が異なります．文脈効果といわれるものですが，私たちは無意識のうちに，上段はアルファベットのはず，下段は数字のはず，と思い込みをしているのです．このとき，上段は，A 13 Cと読むのが正解，下段では，12 B 14と読まないとヒューマンエラーといわれても，困ってしまいます．

A B C

12 B 14

［大山 正 編，"実験心理学"，p.75，東京大学出版会（1995）］

4.3.2 思い込みは頑固

　富山と金沢の地理関係は，金沢が西で富山が東です．この間に国道8号線が走っています．あるとき私は，この中間付近で国道に乗ろうと側道から走ってきたところ，T字路の突き当たりに「富山：左　金沢：右」という標識を見つけました．私は以前，北陸に住んでいたことがあるので，このあたりの地理には詳しいのです．そこで私は，"こんな間違った標識を出して！　金沢が左折に決まっている"と思って左折したところ，気がついたら富山に向かって走っていました．実際には道路が立体構造で，標識が正しかったのです．

　はじめて北陸を訪れた人であれば，素直に標識に従ったと思います．しかしベテランである私は，標識に気づいても，その標識自体が間違っていると思ってしまったのです．つまり慣れれば慣れるほど，自分の思い込みを優先し，ちょっとやそっとの表示では，表示（作業指示）のほうが間違っていると判断してしまうのです．

　いつもの時間にいつもの電車に乗り慣れていると，ダイヤ改正で普通列車が快速になっていても，駅ホームの"快速"の電光掲示や，"快速○○行き"の構内放送のほうが間違っていると思って，悠然と電車に乗ってしまうのも同じことです．

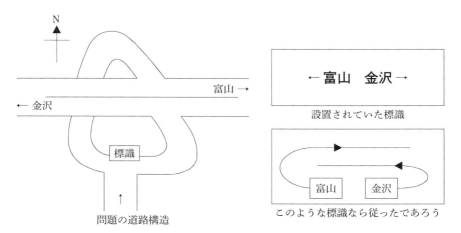

図 4.2　標識の思い違い

4.3.3 思い込みの対策

「思い込み」は，ベテランになるほど増えます．そして頑固です．このヒューマンエラーを避けるための対策としては，次があげられます．

(1) 合致性を高める

システム構造を，使用者の思い込みに合致させておくことです．先の国道8号線であれば，道路構造を改修し，やはり金沢は左折でいけるようにすべきです．

(2) 一貫性を高める

標準化です．先の会議の例では，定例会議は絶対に16時からと固定化してしまえば無用な混乱は避けられます．事業所であれば，機械の操作方法は同じものを一貫して採用すべきです．操作方法が機械によりまちまちだと，操作方法の取り違いが増え，違う操作方法で操作をしようとしてトラブルを起こしてしまいます．

(3) 寛容性を高める

一昔前の話になりますが，英国の地下鉄で，自動切符券売機で切符を買えない日本人が多くいました．逆に，日本の鉄道の自動切符券売機で切符を買えない英国人も多かったそうです．理由は言語の問題ではなく，切符購入手順が，日本と英国では異なる（一貫していない）ためです．多くの日本の切符券売機では"硬貨を投入してから，発券ボタンを押す"のに対し，英国では，"発券ボタンを押してから，硬貨を投入"します．そこで，英国人は英国式の，日本人は日本式の「思い込み」をもとに操作をするので，使えないのです．この問題の解決として，"どちらの手順でも買える"ようにすることがあります．つまり，寛容性ということで，別に手順を一つに決める必要がないのであれば，これがベストの解決案です．

(4) 明瞭性を高める

先の国道8号線でのヒューマンエラーについてみると，合致性や一貫性，寛容性により，道路構造を変えることは土地的に困難です．この場合は，"金沢は右折である．絶対に間違いない"という表示，標識を明瞭に示す必要があります．そのときには，"道路構造がこうなっている"という理由をつけて表

示すべきでしょう．会議開催通知も，いつもと開始時刻が異なるのであれば（しかも繰り上げてあるのであれば），冒頭にでかでかとびっくりするくらい大きくはっきり書く必要があります．普段と異なることを朝礼で指示する場合も，普段の声で注意をするのではなく，"これがいつもと違うから！"と，相当激烈に言わなければいけません．

上記の各対応はS（ソフト）の対応といえます．一方，自分自身のLへの対応としては，次があります．

(5) **ワーストケースから考えるくせをつける**

ある病院では，重態の患者さんに心電計をセットしていましたが，この心電計は古いもので，たびたびトラブルを起こしていました．あるとき，心電図がフラットになったのですが，医師は"またトラブルか"と，心電計のチェックをはじめたそうです．しかし実際には患者さんの心臓は止まっていて，機器のチェックをしているうちに，患者さんは死亡してしまいました．これでは何のために心電計をつけていたのかわかりません．人間は，"しばしばあること"に引きずられ，"めったにないこと"は後回しにする性質があります．確かにしばしばあること，可能性の高いことからチェックをすることで，作業は迅速に進むものです．しかし，事故時の被害が大きいシステムでは，ワーストケースからチェックする必要があります．この場合も，心電計のチェックをするのは結構ですが，その前に，患者さんの心臓をまずチェックすべきでした．

(6) **一歩引く：視点の転換**

1979年に米国で起きた，スリーマイル島原子力発電所の事故はご存知でしょうか．この事故から，さまざまな教訓が得られましたが，その一つに，"一歩引いて視点の転換をする"ということがあります．この事故では，運転員たちが原子炉の状態把握に手間どるうちに，事態がどんどん悪化していったのですが，状態を正しく把握することができたのは，応援に立ち寄ったぜんぜん別のプラントの運転長だったといいます．事故のあったプラントの運転員たちは，一つの思い込みの枠にとらわれて，事象を正しく判断できなかったのです．ちょうど，アルファベットにとらわれて，本来A13Cと読むべき情報を，ABCと読み，その枠から外れられずに"おかしい！ おかしい！"といって何度も試しているようなものです．しかし，後から応援にきた運転長は，ひょっとし

> **標準化**
>
> 　標準化や一貫性は，慎重に決定する必要があります．基本的には，"使用者の使用手順を短くするもの""誤操作や偶発的トラブルによる事故を回避できるようにするもの"とすべきです．後者の考えでいえば，英国の切符券売機は優れています．発券ボタンを押し間違っても，硬貨を投入する前なので，誤発券はされません．また，有名な例として，コックを上下させて水を出す水道栓が，"押し下げると水が止まる"ように標準化されたこともこの例といえます．押し下げると水が出るコックは，阪神淡路大震災（1995年）のときに，物が上から落ちてきて，水が出っぱなしになってしまいました．

て？　と視点を変えてみることで，正しい判断ができたのです．このことから，何度も試してうまくいかないときには，前提を変えて理解を試みることの重要性がわかります．先の心電計のケースでは，心電図がフラットになった前提を心電計のトラブルに求め，何度も心電計をチェックするのではなく，ひょっとして心臓が止まっているのでは？　という，前提を変えることも必要だったと思います．

4.4　ミステイク

　D.A. Normanは，行為の7段階仮説を提案しています．これに基づくと，私たちが，ある行動をするときの認知過程のモデルとして，図4.3が示されます．すなわち，私たちはまず，行動のゴール（目標）を形成します．次に，そのゴールを達成するための方略を計画（Plan）し，それを実行（Do）する．そして実行結果が成功したか不成功だったかということを評価（See）し，成功の場合には次の手順の実行に，不成功の場合には，手順を修正または新たに生成して実行する．そしてこれを繰り返すことで，最終ゴールを達成する，というものです．

　ヒューマンエラーはこれらの各段階で生じます．たとえば，じつは各駅停車しか止まらない○○駅に行くのに，"○○駅は，快速停車駅"と思い込んで快速電車に乗るのは，計画段階のエラー．駆け込んだ電車が快速電車で，目的駅

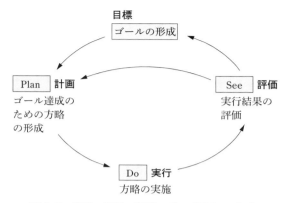

図 4.3　計画―実行―評価モデル（PDS モデル）

で降りられないのは実行段階のエラー．そして"この電車は快速です"という車内放送を聞き落とし，各駅停車のつもりですまして乗っているのは評価段階のエラーです．しかし，これらのヒューマンエラーをうまく取りつくろえば，目的とする○○駅（ゴール）には，紆余曲折を経て，何とかたどり着けると思います．

　ところで，ゴールの形成自体にエラーが生じると，根本的に意味のない行動をすまして行い，最後の最後にどんでん返しを食らうことになります．たとえば，"遊園地は○○駅"と思い込んで○○駅に行ってしまうと，○○駅で駅員に大威張りで"遊園地はどっち？"と尋ね，そして次には"Oh, No！ It's my mistake！（あちゃ〜！　やってしまったー）"と叫ぶのです．○×デパートの初売りが元旦だと思い込んでいそいそ出かけると，シャッターが固く閉じられていた，というのもそうです．この種のヒューマンエラーは，「ミステイク」といわれます．ミステイクがいやらしいのは，行動自体はほとんど問題なく進み，最後の最後になって初めて，自分のエラーに気づき，怒りをどこにぶつけてよいかわからないようなショックを受けることです．ときとして数年にわたり意味のない行動を続けていることもあります．また，行動の途中で不審に思うこともありますが，ゴール違いに気がつくことはまれで，不審なことを都合よく，合理的に解釈してしまうところもミステイクのいやなところです．たとえば，"遊園地は○○駅"と思い込んでいる人は，電車に遊園地に行く雰囲気

の人がぜんぜんおらず，なんだかサラリーマンばかりが乗っていても，"今日は平日だから"などと理由にならない理由をつくって自分を安心させます．○×デパートの初売りが元旦だと思い込んでいる人は，人通りが少ないのを，"今日は寒いから出足が鈍いのね"などと都合よく解釈しています．

　ゴール形成の誤りを起こす理由はいくつかあります．○×デパートと△□デパートを取り違えていたことや，"去年の初売りは元旦だったから今年もそうよ"と思い込んでいるといった，ゴール設定にさいしての錯誤もあり得ます．また，"遊園地はどこの駅ですか？"と地元の人に聞いたところが，方言を聞きとれなかったり，相手が言い間違ったり，本当はよくわからないのにはりきってうそを教えていたり，といったコミュニケーションに関わることもあるかもしれません．

　事業所では，会議室の場所を間違える，会議開始時刻を間違えることからはじまり，出張日を間違える，修理する機器を間違える，さらには，プロジェクトの目標を間違えるなど，悩ましいミステイクが起こって"えーっ，違うの！"という声があがっていることはないでしょうか．ゴール達成のために行うべき行動，費用，時間が多くなればなるほど，そのゴール自体に錯誤がないか，一歩引いて，関係者相互が，慎重に確認しあうことが必要です．

5

失　　念

　失念とは，"し忘れ"のことです．通勤途上に手紙を投函しようと思っていたものの投函し忘れ，ポストを過ぎてから思い出す，というようなヒューマンエラーです．ラプス（lapse）といわれることもあります．

5.1 失　　念

　失念は記憶に関するヒューマンエラーですが，3章で説明した，7 ± 2 チャンク以上のアイテムは短期記憶できないということや，時間とともに忘却してしまうということと異なり，"覚えているが，肝心のときに思い出せない"，その結果"し忘れてしまう"というものです．

　失念は，一連の作業の流れの中で発生するものですが，ランダムに発生するというものでもなく，ある決まったときに発生します．失念のパターンとして，次の三つがあります．
　① 作業の主要部分の直前の失念
　② 作業の主要部分の直後の失念
　③ 未来記憶の失念

5.2 作業の主要部分の直前の失念

5.2.1 直前の失念

　食前に服用する漢方薬を飲み忘れたこと，切手を貼らずに手紙を投函してし

まったこと，ストーブを消し忘れて外出してしまったこと，サイドブレーキを引いたまま車を出してしまったこと……，はないでしょうか．事業所では，設備補修に入る前に電源を切り忘れていたり，ドレンパイプから廃液を排出し忘れたまま工事に入ってしまったなどのトラブルを耳にしたことがあります．これらの共通点は，メインイベントの前の，準備的な作業要素をし忘れていることです．つまり，"食事""郵便の投函""外出""ドライブ""補修"の前にすべきことをし忘れています．とりわけ豪華な食事のときや，デートなど楽しい外出のとき，困難さが予想される補修のときなど，普段とは異なるときに多いようです．これは，注意（関心）がメインイベントに向かってしまい，その前の作業ステップに対する関心が不足してしまうためと考えられます．メインイベントへの期待が大きいときや，急いでいるとき（メインイベントに早く取りかからなくてはならないとき）に，多発します．

このタイプのヒューマンエラーは，「取り違い」のヒューマンエラーの原因となることもあります．つまり，"輸血の血液型取り違い"であれば，[患者さんに輸血すること＝メインイベント]に関心が向いてしまい，血液型の確認を失念してしまっているともいえます．

5.2.2 直前の失念への対策

これといって切り札的な対策はないのが悩ましいのですが，"メインイベントの前の作業ステップは失念される"という前提で，作業の特質に応じて次のような対策を組み合わせていくことが望まれます．

（1） **メインイベントの直前に準備的な作業を行わせない**

手紙なら，ポストに投函する直前に切手を貼ろうと思わず，切手は自宅で貼っておく，というようなことです．余裕のあるうちの段取りです．

（2） **メインイベントの前の作業をチェックする**

設備補修では，作業手順書がつくられていると思いますが，作業の主要部分の前の準備作業は強調して表記し，さらに，チェック欄を設けて，監督者がチェックをしながら作業指示を出すと効果的です．

（3） **フールプルーフ機構を徹底する**

電源を落とさない限り，設備の扉が容易に開放しないようにする．それでも

開放するとアラームが吹鳴するなどにより，ヒューマンエラーを事故に結びつけなくする対策が有効です．食前薬であれば，食卓に載せておくことで，失念していても飲むことに気づきますが，これは管理的なフールプルーフといえるでしょう．なお，設備扉であれば，開放すると自動的に電源が落ちるようにするのも一つの案ですが，これは後述するように，かならずしもよい対策とならないこともあります．

5.3 作業の主要部分の直後の失念

5.3.1 直後の失念

"手術の後の傷がうずくので，再手術したところ，ガーゼが出てきた"などの医療事故がときに報じられます．身近なところでは，買い物をしたあと，お釣りをもらって商品をレジに置き忘れたり，コピーをとったあとに原紙を回収し忘れたり……．鉄道の保線やプラントの補修では，点検工具をはずし忘れたまま運転を再開し，運転再開と同時にショートしてシステムダウンしてしまうという事故もときに起こります．鉄道車両の車台点検後，点検口を閉めずに営業運転させてしまったという新聞報道もありました．極めつきはスペースシャトルで，なんと地球に帰還したスペースシャトルを点検したところ，構造内部からペンチが見つかったというものがあります．打ち上げ前の組み立てのときに使ったペンチがそのまま，宇宙旅行をしてきてしまったのでしょう．打ち上げや帰還のさいの衝撃で回路を傷つけたり，無重力でぷかぷか浮遊して，電気回路をショートさせたら大事故になるところでした．

これらのヒューマンエラーには，すべてに共通したことがあります．それは，"作業の主要部分が終わったあとの作業ステップをし忘れている"ということです．つまり，"手術自体は無事終えているが，その後のガーゼや手術器具を回収し忘れている""保線や補修は終えているが，その後の工具の回収をし忘れている""車台点検自体は終えているが，その後の点検口の閉鎖をし忘れている"といった具合です．

このタイプのヒューマンエラーは，作業の主要部分を終えたとたん，すべてが終了した気持ちとなり，関心がその次へ行ってしまったために生じるものと

思われます．保線であれば，難しい保線を終えてほっとしたとたん，早く帰って一杯やろうなどと次の行動に関心が行ってしまっているのではないでしょうか．また，慌てているときも多発します．始発列車に間に合わせようと仕事をどんどんこなさないといけないようなときです．

　直前の失念と直後の失念が混ざったような失念ということもあります．たとえば，長時間ドライブのあと，やっと観光地に着いて，さあ見物をしようというときに限って，ドアをロックし忘れる，ライトを消し忘れる，窓を閉め忘れる，ということがあります．これは，長旅が終わって"ほっとした"ということでの直後の失念と，"早く見物をしたい"ということの直前の失念の双方が混ざっているものといえそうです．

5.3.2　直後の失念への対策

　残念ながら，これも切り札的な対策はないのです．作業の主要部分の直後の付属的な作業ステップは失念されるという前提で，作業の特質に応じた対策を組み合わせ，事故を防止することが望まれます．

（1）　**作業の主要部分を最後にする**

　銀行のATM（現金自動預け払い機）を利用したとき，［カードと通帳が出てから，現金が出てくるでしょうか］それとも［現金が出てから，カードと通帳が出てくるでしょうか］，機械によってまちまちでしょうか．答えは，かならず［カードと通帳が出てから，現金が出てきます］．なぜなら，銀行にきた目的はお金を下ろしにきたことですから，現金を手にしたとたん，すべてが終わったつもりとなり，関心は楽しいデートなど，次の行動に移ってしまいます．そこで，カードや通帳を現金のあとに出すと，取り忘れが圧倒的に増えてしまうのです．ただ，カードと通帳を先に出しても，お客さんは通帳を見てしまうと，"あれ？　残高が足りないな……"などと，関心が別のほうに向いてしまうため，今度は現金の取り忘れが増えてしまいます．そこで，現在のATMでは，通帳を見る暇も与えなくするため，通帳も現金もほとんど同時に出てくるようになっています．

（2）　**フールプルーフ機構を徹底する**

　最後をやらないで先に進もうとすると，アラームを鳴らしたり，先に進めな

い仕組みに設備機器を設計することです．自動車であれば，キーを外さずに運転席のドアを開けると，アラームが鳴ります．電車やバスでは，乗降ドアが閉まらないと，走り出すことができません．また，し忘れていると安全側に停止して，事故を起こさないということも考えられます．たとえば，消し忘れ防止のため暖房機器は3時間たつと自動的に停止する，ATMでは現金を取り忘れていると，ATMの中に現金が取り込まれるなどです．

(3) 最後の部分をチェックする管理的仕組みをつくる

外科手術では，手術前のガーゼや器具の個数と，手術後の個数とを照合する担当の看護師を定め，同じであることが確認できてはじめて，手術終了とする仕組みが定着してきています．これにより，器具の体内遺残が抑えられるようになりました．事業所では，工具箱の管理が重要です．工具一つひとつがパチンとはめ込めるような工具箱であれば，不足がすぐにわかりますが，工具を雑然と突っ込むようなところでは，数が足りなくとも気がつきません．鉄道では，近づいてくる列車に背を向けない（対面する）ように歩くことが原則です．そこで取り外した車両機器は，この原則に従った帰りの歩行経路上に置くことを原則としているそうです．そうすれば，万一取り付けを忘れていても，気がつく可能性が高くなります．これらはヒューマンエラーが起こることを前提として，それに気づかせるためのS（ソフト）対策といえると思います．

5.4 慎重に考えるべき「自動処理」

「し忘れ」ヒューマンエラーを事故に拡大させないために，システム側が，人間が"し忘れた"部分を自動的にフォローすることが考えられます．一見，安全向上に寄与する感じがしますが，慎重に考えないと，かえってトラブルを起こすことにもなります．

- **システムを悪用する：** 信楽高原鉄道事故（1991年）という大惨事がありました．この事故の原因の一つに，"誤出発検出装置の悪用"があります．信楽高原鉄道は単線です．万一，赤信号を見落として出発したら，正面衝突となりたいへんです．そこで，"誤出発検出装置"が装備されていました．これは赤信号で出発したときには，対向信号も赤となり，対

向列車は待避線で待機するというものです．この装置自体は，"善意の運転士の，万一の信号確認忘れや見落とし"のヒューマンエラーに備えてのものでしたが，運転士の中には，このシステムを常習的に悪用して，列車の遅れを取り戻すために強引に赤信号で出発していた人がいたようです．事故のあった日も，列車の遅れを取り戻すべく赤信号で強引に出発したのですが，この信号システムは，JRの信号システムとの干渉問題を抱えており，このときに限って対向信号は赤に切り替わらなかったのです．その結果，列車が正面衝突し，大勢の死傷者を出す大惨事を起こしてしまいました．

　人間は，"善意の安全装置"に頼りすぎ，しかもそれを逆手にとり，悪用するという行動傾向があるようです．たとえば，ガスレンジの異常高温検出装置を悪用し，どうせ消えるからと，てんぷら鍋をかけたまま長電話をするなどです．しかし，"善意の安全装置"は，万一の緊急避難のためのもので，危険な状態がすぐそこにまで迫っていることに間違いはありません．ですから，ガスレンジであれば，てんぷら鍋に火が入り，ガスは消えたが，油の火は消えずに火事になる（異常高温検出装置は，ガス遮断機能はあるが，消火機能はない）といった事故につながります．だからといって，これら安全装置は無意味だ，撤去せよ，というのは短絡的です．しかし，安全装置は悪用され，逆にヒューマンエラー（違反）による事故を誘発するおそれがあるという想定を立て，その対策を考える必要があるといえます．

- **硬直的なシステムとなり，システム設計者が"想定した以外の事象（想定外の事象）"に対応できない：**　あるオフィスビルのトイレでは，省エネのため，一定時間たつと電灯が消灯します．それはよいのですが，掃除やパイプ修理をしていると消灯してしまい，そのたびにスイッチを入れないといけないので，係りの人はいらいらしています．扉を開放すると自動的に電源が落ちる配電盤では，普通の目視点検のときにはよいのですが，扉を開放して電圧チェックをしなくてはならない場合には困ってしまいます．電源が落ちて電圧がチェックできないのですから．これらは頻度は低いかもしれませんが，あり得ることです．それらへの配慮がなされていないと硬直的なシステムとなり，不便であると同時に，セ

> **中華航空機事故**
>
> 　硬直的なシステムの事故というと，名古屋空港の中華航空機墜落事故（1994年）が思い起こされます．エアバスA300型機でしたが，着陸やり直し（着陸復航）オートボタンを副操縦士が誤って入れてしまったのが事の発端です（誤接触したと思われる）．この場合，多くの型式の航空機では，操縦桿を強く押すことでモード解除できるのですが，A300型機では，ひとたびオートモードに入ったら，操縦桿を押しても解除できない設計となっていました（現在のエアバス機は，解除できるように改修されています）．機長らはエアバス機の操縦経験が浅く，そのためか，ふっと，ほかの型式機の操縦方法にスリップしてしまったようです．そのため，操縦桿を何度も強く押していたのですが（これは機を下降させる操作ともなる），一方で，オートモードに入った機のコンピューターは，着陸復航のため機を上昇しようとし，機長とコンピューターとが綱引き状態となり，最後には機体はバランスを失い，墜落したのでした．この事故はさまざまな教訓を含んでいますが，その一つに，「システムの硬直性」があげられます．これは，どこまでシステムは頑固であるべきか，裏返せばどこまで人間を信頼するかという設計思想，つまり設計者のヒューマンファクターが，問題の根本に横たわっています．

ンサーを無効にするといった素人改修などのトラブルを起こしてしまうこともあります．そこで，しかるべき正当な操作により自動処理のリセットができるよう，マニュアルモードも備える必要があります．

5.5 未来記憶の失念

　たとえば小学校の卒業式のときに，友だちと"自分たちの成人式の日の正午に，小学校の校門に集まろう"という約束をします．この約束のことはその後，意識下に潜み，思い出すことはほとんどないのですが，しかし20歳の成人式が近づくにつれ，何とはなしに思い出し，そして成人式の日の正午には本当にみんなが集まってきます．このように，未来に関する決めごとを現在決め，その未来の時点でその決めごとを思い出すという記憶作用が，「未来記憶」「展望記憶」などといわれるものです．

　未来記憶は，数年から数十年後のスパンのものもありますが，来週の月曜日

にはA氏と会うなどという週オーダーのもの，また，今日の午後2時にB氏に電話をするなどという時間オーダー，分オーダーのものもあります．

　未来記憶に関するヒューマンエラーは，次の四つのパターンがあります．

（1）　**そのような決めごとをしたこと自体を完全に忘却してしまう**

　たとえば，子どもと来週の日曜日に動物園に行こうという約束をしたこと自体を完全に忘れてしまい，次の日曜日に子どもにいわれて，"えーっ，そうだっけ"というようなものです．口だけでハイハイといっているような場合には意識づけがなされないので忘却します．一方，自分自身も楽しみにしていたり，面倒に思いながらしぶしぶ約束したことは覚えています．

　このことから，未来記憶は，感情が伴っていれば記憶にとどめられるが，感情を伴わない場合や，あまり強く意識していない場合（口先だけの場合）には，容易に忘却してしまうと考えられます．

（2）　**決めごとを忘却して，タイミングのみ，その時点で想起する**（または決めごとは覚えているが，いつそれをするのかを忘却してしまう）

　未来記憶は，決めごととタイミングがワンセットで記憶されていてはじめて役立つものですが，その一方を忘却してしまう場合です．たとえば，午後2時になり，"何かすることになっていたのだが……"ということは思い出すものの，何をすることになっていたのかは思い出せない場合です．何をするのか（いつするのか）を思い出せないことがヒューマンエラーです．会社の同僚に明日，本を貸してあげる約束をして自宅に帰ったものの，今度は自宅で，明日何か会社に持っていくような気がするのだけれど，何だったか思い出せない，というものもこのケースといえます．この場合，目を閉じて落ち着いて1日をふりかえったり，あるいは机を見回し電話機や本を目にすると，ふっと，"B氏へ電話するのだった""C氏に本を貸してあげるのだった"ということを思い出すことがあります．

（3）　**決めごと，またはタイミングのいずれかが変質してしまう**

　"午後2時にB氏に電話"のはずが，"午後4時にB氏に電話"または"午後2時にC氏に電話"など，記憶している事項が変質してくる場合です．これは記憶をする時点での問題が大きいようで，記憶すべき事項に十分に意識を向けていないための取り違い（2時なのか14時なのか4時なのか）や，いつ

ものケースにスリップする(いつも午後に電話をするのはC氏)などの,錯誤があるものと考えられます.

(4) そのタイミングでその決めごとを思い出さない

そのタイミングで思い出さないといっても,定められたタイミング以前に思い出すことは,"理論的にはヒューマンエラー"ですが,被害が生じないので"実質的には何の問題もない"というのが面白いところです.

問題となるのは,定められたタイミング以降に思い出す場合です.たとえば,プラントの構内パトロールに出るときに,"あそこを点検しよう"と決めたものの,そこを素通りして帰着後に思い出す,スーパーに買い物に行って商品を買い忘れたのを帰り道で思い出す,などという場合です.B氏へ午後2時に電話することを夕方になって思い出す,月曜日のA氏との面談を火曜日になって思い出す,月末までの提出書類を,翌月になって思い出す,成人式での再会の約束を,成人式が過ぎてから思い出す,というようなものもそうです.逆にもっと短く,台所に塩を取りに行ったのに,取らずに席に戻ってしまったなどというのも,このタイプのヒューマンエラーといえます.

未来記憶の忘却防止,失念防止は,簡単なようで難しいものです.まずは,未来記憶をしっかり定着すること.そのためには,何度も念押し,確認して強く意識化し,その決めごとに感情をもたせること,つまり期待といった楽しい感情をもたせることが効果的なようです.さらに,決めごととタイミングをメモし(外在化していく),それを頻繁にチェックすることが,もっとも効果的な防止策となります.

6

知識不足・技量不足のヒューマンエラー

　知識不足・技量不足のヒューマンエラーは，作業を遂行するのに必要な知識や，技量をもっていなかったために起こるヒューマンエラーで，典型的な初心者型エラーです．

6.1　知 識 不 足

6.1.1　知識不足のヒューマンエラー

　ある大学病院では，研修医が自分の判断で，患者さんに鎮痛薬の代わりに麻酔薬を注射したら，ショックで死亡してしまったという事故がありました．薬のことをよく知らないまま現場に出されて仕事をしたために，このような事故を起こしてしまったのです．このようなときに本人を責めてみても，根本的な問題解決にはなりません．つまり，一人で業務にあたるのは無理だったのです．もちろん"知らないことをした"本人の責任もあります．しかし，より根本的な問題としては，仕事に対して要求される知識やスキルを，管理側がきちんと定義し，それに見合った知識のある人を現場に配置していないことが，問題としてあります．

6.1.2　知識不足のヒューマンエラーへの対策

　知識不足のヒューマンエラーに対しては，管理側が次の対応をとることが重要です．

a. 「知らないことはしない」「知らないことは聞く」の躾

「知らないことはしない」「自信のないことはかならず聞いてから」という原則の徹底が重要です．先の大学病院では，研修医は絶対的な自信をもって麻酔薬を注射していたのではないと思います．生半可な理解のまま，"たぶん，これでよいだろう"ということで注射をしていたのではないでしょうか．"だろう作業"は厳禁です．とりわけ大きな被害が生じるおそれのある作業ほど，この原則を徹底することが必要です．職場では，この躾をすることが大切です．

ところで，このような「知らない」「できない」ということは，新入社員や，大学病院の研修医のような，文字どおりの新米に限ったことではありません．その職場への異動者や，応援者においても起こりがちなエラーです．異動者や応援者がもとの職場でベテランであると，ここでも同じようなものだろう，と勝手に判断して作業をしてしまうことがあります．また，ちょっと不安がよぎっても，いちいち聞くのは恥ずかしい，めんどうくさい，と聞かずに仕事をしてしまうこともあります．異動者や応援者を受け入れる場合には，相手がもとの職場のベテランであればあるほど，こちらでは初心者と思って，こちらの職場の説明を一からはじめ，質問のしやすい雰囲気をつくる必要がありますし，また作業者本人にもこうしたことを自覚してもらい，何でも質問し，また指導を快く受け入れてもらう必要があります．

b. Why を教える知識教育

知識不足のヒューマンエラーをなくすには，作業に必要な知識を教育する，あるいはその作業の知識をもった人を配置するという，教育訓練や人員配置で解決することが根本です．教育訓練で重要なことは，ノウハウ（Know How）だけではなく，ノウホワイ（Know Why）教育も行うことです．原理を教え，また作業者本人にも考えさせなければだめなのです．

JCO 臨界事故（1999 年）という，たいへんショッキングな事故がありました．液体ウラン燃料製造中に臨界状態になってしまったのです．被曝し亡くなられた方は，本当にお気の毒でした．この事故にはいろいろな要因が絡まっていますが，一つあげるとすれば，作業者は貯塔を使ってこういう手順でやりなさいという"How"は教わっていましたが，なぜこういう手順なのか，液体ウ

ランを扱うときはなぜこの設備を使わなくてはならないのかという"Why"はよく教わっていなかった，よくわかっていなかったということがあります．核物質は臨界するということを知らなかったのです．そこで現場では，より能率的に，楽に作業を行おうということで，作業手順が改められてしまい，事故が生じてしまったのです．

　教育訓練では，How（どのように）だけではなく Why（なぜそうなのか）も理解させなさい，ということです．面倒な手順，やりにくい規則であればあるほど，その理由も教育しなければいけません．人間というものは，面倒なものや，やりにくいことは，より楽に，簡単にしようという本能があります．とりわけ日本人はコストダウン意識が強く，この本能は強力です．"改善マインド"としてコストダウンに作用していればよいのですが，しかし，これはヒューマンエラー（規則違反：手抜き）と表裏のときもあります．

　JCO 臨界事故でも，貯塔を使うという理由，臨界ということについてだれか一人でもきちんと理解していれば，バケツでやろうとか，沈殿槽でやろうとか

安易な改善は命取り？

　化学工場では，"工場長が交代して3カ月すると事故が起こる"というジンクスがあると聞いたことがあります．新任工場長は，前任工場長から引き継ぎを受けますが，作業理由が引き継がれていない場合があります．すると，新任工場長は最初のころは前任工場長のやったとおりにやりますが，徐々に職場に慣れ，"もったいない"とか"面倒だ"というような悪い面にも気がつきだします．そして，自分のオリジナリティを発揮すべく，改善をしはじめるのが3カ月後で，1カ所を変えるととんでもないところに飛び火して事故が起こるのだそうです．

　同じような事例で，前任工場長が係員に履かせていた国産の安全靴を，コストダウンのために新任工場長が外国製の安いものにしたところ，外国製は重たくて歩きにくいので，係員がパトロールを気軽にしなくなってしまった，という話もあります．前任工場長は，こうしたことがわかっていたので，国産安全靴を採用していたのです．

　一見むだなことや，やりにくい手順にはそれなりの理由があることが多いものです．もちろん，改善は重要ですが，「安易な改善，命取り」「やりにくい規則にはわけがある」と代々伝えている化学工場もありました．

いう意見が出たときに，"それは危ないからやめようよ！"という意見が出たはずです．先の大学病院であれば，麻酔の薬理がわかっていれば，直感的にこの患者さんに麻酔薬を投与するのはおかしい，ということに気がついたのではないかと思います．

　Whyを教えるのは時間がかかるし，たいへんかもしれません．しかし，少なくとも作業管理者は，原理を十分理解して，そのもとに現場指導ができなくてはなりません．また，そのような教育訓練は，組織的にきちんと行うことが必要です．おうおうにしてOJT（on the job training：職場において実務を通じて行う訓練）に名を借りた人手不足対策になっているところもあります．新人の配属前に，指導計画を立て，指導役も定め，計画的に進めることが大切です．

6.1.3　マニュアルの区別

　知識教育では，マニュアル（テキスト）が用いられることも多いと思います．マニュアルにはさまざまなルールや手順が書いてあります．ところで最近，自分で考えようともせずに，指示まち状態，マニュアルに従って行動している人のことを，"マニュアル人間"と揶揄し，"マニュアル人間になるな"と檄を飛ばすトップがいます．一方で，そういうトップに限って，マニュアルと異なることをしてトラブルを起こすと，"なぜマニュアルどおりにやらなかったのか"と部下を責めているのですが……．

　そもそもマニュアルには，三つのタイプがあります．

① **墨守型マニュアル：** この手順とおりに行わなくてはいけないという強制的なマニュアル．機器の運用限界や，化学工場の操作手順など，科学的・技術的理由があるもの．先のJCO臨界事故では，この墨守型マニュアルを破ったために事故になってしまいました．ここでは，マニュアル人間になることが徹底的に求められます．ただし，このときには，マニュアルに定められていることがらの技術的理由，つまりWhyを教育することがとくに大切です．

② **遵守型マニュアル：** 決めごと的なもの．たとえば，会計マニュアル，工具の貸し出しマニュアル，構内立ち入りマニュアルなど．構内の右側通行，左側通行などもそうだと思います．決めておかないと混乱するので決めてあるもので，遵守しなくてはなりません．ただし，緊急事態のさいには，ある程度

マニュアル作成者の心理

　マニュアル作成者の心理として，書き出すと，親切心と完璧心からあれこれ書きたくなってしまうものです．さらに，マニュアルに書いてなかったじゃないか，という批判も受けたくないので，きわめて例外的なことも細かく書くようになってしまいます．そうなると悪循環で，マニュアル利用者のことを考えずに，どんどん細かく，丁寧に書くようになってしまいます．そして最後は，だれも読まないような分厚い立派なマニュアルができて，安心してしまいます．

　マニュアル作成においては，"何のためにマニュアルをつくるのか"を考える必要があります．研修のテキストなのか，現場のリファレンスなのか，トラブルシュートのときに読むのか．いつ・どこで・だれが読むマニュアルなのかをよく考える必要があります．

　しかしその一方，マニュアルには，マニュアルを作成することでの，作成者自身の教育的効果ということもあります．マニュアルを作成することは，自分たちの職場をより深く理解し，知識を共有しあうことにつながるので，その効果を期待するのです．この場合は，マニュアルをつくること自体が目標となるでしょう．

の融通を効かせることも必要です．構内から出場するのにタイムカードを押さなくてはだめだといっても，火事のときにまでいちいちやっていたら，逃げ遅れて火に巻き込まれてしまいます．

　③ **標準型マニュアル**：　初心者へのガイド，先人の知恵，失敗しないやり方などのノウハウや職場の標準的な行動指針などをまとめたマニュアル．後進に同じ苦労はさせたくないという親心や，サービス業では職員の行動にばらつきがでるのはやめようということでつくられたもの．デートマニュアル，授業マニュアル，接客マニュアルなどの人を相手にしたときのものや，植木の剪定の仕方，釣りの定石など自然を相手にしたものがそうです．これらはあくまで標準（ガイド）なので，その"心＝Why"をつかんで，マニュアルに従いつつもその場その場で，主体的に，ある程度臨機応変に運用しなくてはならないマニュアルです．ここでは，マニュアル人間になることは戒められます．

　つまり，教育においては，教えていることはどのマニュアルなのかを区別する必要があります．そして，その区別をしたうえで，いずれの場合も"Why"

に誘導する必要があります．マニュアルを通じて，理由や原理をつかませることが重要と思います．

6.2 技量不足

6.2.1 技量不足のヒューマンエラー

ある産婦人科病院では，医師が中絶手術で，患者の子宮に穴を開けてしまった事故がありました．これは，要するに医者が下手なのです．ぼんやりしていたわけでも，もちろんわざとやったわけでもありません．本人は一生懸命やろうとしていたのですが，仕事に要求される技量（スキル）をもたないまま現場に出されると，このようなエラーは簡単に起きてしまいます．つまり，作業を遂行するのに必要な技量が不足しているために起こるヒューマンエラーです．知識不足同様，初心者型エラーといえます．

6.2.2 技量不足のヒューマンエラーへの対策

基本的に知識不足の場合と同様です．つまり，
- 仕事に対して要求される技量（スキル）を有する人を，現場に配置する．
- 「できないことはしない」躾と，「させない」管理を徹底する．

しかし，これではいつまでたっても新入社員はスキルが身につきません．そこで訓練が必要です．訓練では，指導計画を立て，段階を追っていく必要があります．この場合はOJTより，OFF-JT（off the job training：職場外で行う研修会などでの訓練）のほうがよく，むしろ積極的に失敗経験をつませ，そして失敗したときには，なぜ失敗をしたのか？　というWhyを考えさせることがきわめて重要です．自動車の運転訓練と同じです．教習所というOFF-JTの場で，段階を追ってスキルを習得させていきます．そして脱輪したり，ポールに衝突したときには，なぜそうなったのか，ということを車輪の位置や，車両寸法との関係で考えさせることが，スキル習得への近道といわれています．

ところで，スキル訓練以前の問題として，管理者は，そのスキルが排除できないのか，ということを考える必要があります．自動車の場合なら，マニュアル車をオートマチック車にすればスキルの習得期間は短くてすむし，シフト

チェンジのエラーはなくなります．組立工場では，トルクレンチやパワードライバーを使用すれば，ボルト締付け力のスキルを習得する必要はなくなるし，締め付け力の過剰や過少というエラーもなくなります．スキルレスということも，効果的なヒューマンエラー対策といえるのです．

6.3 教育訓練計画を立てる

　OJT でも OFF-JT でも，教育訓練を行うときには，きちんとした計画を立てなくてはなりません．"とりあえず教えましょう"は禁物です．

　ところで計画を立てるというと，いきなり，"訓練センターで，講師をだれだれに頼んで，いつからいつまで何日間かけて……"と具体的な話に入ってしまいがちですが，これはよくありません．まず定めることは，到達目標です．

　到達目標とは，教育訓練を受けたあとに，"何ができるようになるか"を示したもので，かならず"〜ができる"という表現で示す必要があります．教育であれば，"操作手順を説明できる""操作手順の原理を説明できる"と示しますし，訓練であれば"静脈注射ができる""ポンプの分解点検ができる"などというようにです．"〜ができる"と到達目標を明示できれば，合格，不合格のラインも明確です．できなければ不合格にすればよいのですから．

　到達目標を明らかとしたなら，次に受けいれる受講者のレベルを決めます．到達目標が，教育訓練の After（後の状態）なら，受講生のレベルが Before（前の状態）ということです．この差が小さい（受講生がある程度の基礎をもっている）のなら，教育訓練期間は短くてすみますが，差が大きい（まったくの初心者を対象とする）のなら，かなり基本的なところから教えなくてはならないので，必然的に教育訓練期間も長くなってしまいます．そんなことはないと思いますが，Before に対して After の到達目標レベルが低いのであれば，教育訓練は"釈迦に説法""息抜き"になってしまいます．

　Before と After がはっきりすれば，あとは，そのための教育訓練の内容，方法や手順を定め，教材を準備し，講師を手配する，ということになります．なお，これらをまとめた教育訓練計画書が，シラバス（syllabus）といわれるものです．シラバスは教育訓練の受講者に対しても示すことがよく，それによ

「初めて」「変更」「久しぶり」

　3Hという言い方があります．ヒューマンエラーが起こりやすいときを表したもので，「初めて（hajimete）」「変更（henkou）」「久しぶり（hisashiburi）」という，Hからはじまるときのことです．経験の乏しいとき，いつもと事情が異なるときです．ある意味，知識不足，技量不足の状態といえるでしょう．マニュアルを参考にしながら，慎重な態度で仕事にあたる必要があると思います．

　ところで，エラーが起こりやすいときには，ほかにもあります．"引継ぎ""変則""不案内""疲労""繁忙""非常事態"がそうです（不案内とは，よくわかっていないのに，誰も案内（ガイド）をしてくれないという意味です）．これらすべてHからはじまっています（！）．

　こうしたHからはじまるときこそ，マニュアルが必要といえると思います．Hのときに備えてマニュアルがつくられているか，疲れた頭や非常事態で慌てていても理解できるようにわかりやすくつくられているか，手近なところに置かれているか，また内容は最新のものに常に更新されているかなど，改めて職場を点検していただければと思います．

り，自分は今回の教育訓練の対象者かどうかが判断できますし，自分はどうなればよいのか（何ができるようになればよいのか）がはっきりするので，受講の動機づけにもつながります．

7

違　　反

　違反とは，定められたルールや規則を守らない，というタイプのヒューマンエラーで，規定（規程）違反，規則違反（violation）ともいわれます．初心者よりむしろ，そこそこ仕事に慣れてきた"ちょいベテラン"が起こすことが多いようです．

7.1　初心者の起こす違反

　ある病院では，看護師が注射器を手にしたまま，ベッドの上の輸液バッグを調整していたところ，注射器が滑り落ち，不幸にもベッド上の子どもの目に刺さった事故がありました．またある事業所では，マンホールにもぐった人を上からのぞき込んだときに，手にした工具を落として下にいる人にけがをさせた事故がありました．食品工場では，食品ラインを何気なくのぞき込んだときに，ヘアピンが落ちて大騒ぎになったことがあります（異物混入事故となる）．つまり，下に重要なものがあるときには，その上に落下するようなものを持ち上げてはいけないのです．
　こうしたことは職場の常識，基本動作の一つだと思います．作業規則（ルール）にもなっている事業所もあると思います．しかし事業所では常識でも，新入社員は知らないので，"常識を知らない""基本動作がなっていない""ルールがわかっていない"というヒューマンエラーを起こすことになってしまいます．これは，教えられていないことによる知識不足のヒューマンエラーともいえます．最近の若者は……，という言い方は昔からありましたが，自分たちの

安全，製品の安全を守るための基本動作や作業規則は，遠慮することなく指導しなくてはなりません．放置すると"これでいいんだろう"という"だろう作業"も横行しますし，職場の規律も緩んできてしまいます．

新入社員では，頭ではわかっているのだけれど，からだが動かない，ということもあると思います．からだが動かない理由には次の二つがあります．

（1）まだ身についていない

常識や基本動作，作業規則が，スキルベースの行動として，無意識のうちにできるところまで，いたっていないのです．本人も努力する必要がありますし，また周囲の人間も，新人ができていなければ，その場で指摘する必要があります．ただ，メインの作業に集中していて，そこまで注意が回らないという場合は，下手に注意すると，かえって危ないので，メイン作業の直後に注意します．これは職場の躾（しつけ）ということで，躾というと根性論，精神論と誤解されてしまう場合もありますが，それは違います．仕事は遊びではないので，守ってもらうべきことは守ってもらわないといけないということです．職場の躾はそれほど時間がかかるというものでもなく，1カ月もすれば身についてきます．入社直後の躾が大切で，あとから躾をしようとすると，へんな反発心を起こさせてしまう場合があります．

職場のマナーと作業規則

それぞれの事業所では，仕事上の常識やマナーはたくさんあると思います．マナーとはいわばお作法のことで，たとえば，ものを食べながら仕事をしない，ヘッドセットで音楽を聴きながら仕事をしない，職場に私物をもち込まない，ポケットに手を突っ込んで歩かない，エレベータの中で私語はしない，靴のかかとを踏まない，爪を切る，イヤリングやピアスをしない，髪は短くするか，おだんごにまとめる……，などです．これらは職場のマナーとして，いちいち作業規則として定めることまではしていない事業所が多いと思いますが，安全や品質に直結するのであれば，作業規則として定める必要もあります．一方，それらのマナーに，合理的根拠を見出せないときに，それを"わが社らしい"などという抽象的な説明で新入社員に押しつけると，反発を招く場合もあります．

(2) 恥ずかしい

たとえば"～よし！"といった指差し呼称や，朝の体操のあとの"今日も1日，安全作業でがんばろう！"などという気合い，"ご安全に！"などという挨拶の仕方などは，新入社員は気恥ずかしくてできないということがあります．しかし，これもスキルベースの行動としてできるよう，本人も周囲も注意しあうことが大切です．

7.2 ベテランの起こす違反

ベテランの起こす違反は，初心者よりむしろ多く，しかも"意図的"であり，"故意"であるという点が，初心者とも，またほかのタイプのヒューマンエラーとも大きく異なります．

故意とか違反というと，相当悪質な感じがしてしまいますが，たいした話ではありません．作業規則は十分知っていて，それを守らないといけない，ということもわかっています．しかし，まあいいや，という感じで守らないということです．"軽率のそしりを免れない"といわれてしまうもので，つまり，軽率行為です．

7.2.1 違反のパターン

違反にはいくつかのパターンがあります．

a. 善意や好意

分担作業をしているときに，自分だけ作業が遅れてしまうと，ほかの人に申しわけないと，急いで手抜き作業をしてしまうということがあります．また，自分が暇なときに，ほかの人が忙しくしていると，気の毒に思ってつい手を出してしまう，ということもあるかもしれません．たとえば，年齢の若い管理職が，自分より年上の現場作業員を手伝ってしまうということがあると思います．うまくいけば職場の融和かもしれませんが，しかし，不慣れな管理職が手を出して，部下も断れず，かえって迷惑となる場合もあります．

かつて大平原を走る米国のアムトラック（長距離列車）で，車内に急病人が

出たとき，次の駅まで急ごうと運転士が制限速度を超えて運転をし，列車が脱線した事故がありました．ここまでくると，善意をとおり越して正義感があだになったといえるかもしれません．航空機や船舶のキャプテンは，天候が悪化しているときに，出発を期待するお客さんの見えない視線（心理的圧力）を背中に感じることがあるといいます．このとき，期待に応えようとつい無理な出発をして事故を起こしてしまうことがあります．古くは洞爺丸事故（1954年，台風のため約4時間，出港を見合わせていた青函連絡船洞爺丸が，台風のわずかななぎをついて青森港を出港したが，再び強まった強風にもてあそばれ，転覆し，1155名もの方が亡くなった）が，そうなのかもしれません．

b. いい格好

車掌に列車を運転させた運転士の事件がありました．普通列車でしたが，直線区間に差しかかったところで車掌がきたので，運転をさせたのです．乗客が目撃して大問題となりました．運転士にすれば軽い気持ちで車掌に運転させたのでしょうが，その奥には，ちょっとした優越感があったものと思います．

人は，自分ほどの技量をもっていない人に対して，いいところを見せたい気持ちになってしまうものです．免許取りたての若者が，まだ免許をもっていない友人を乗せて暴走事故を起こすのも，技量不足と，このような心理の重なりと思います．事業所では，新入社員を預かることになった1年先輩が，このような違反をしてしまうことがあります．

c. 安全ぼけによる手抜き

ずっと安全状態が続いていると，だんだん手抜きをしだすということもあります．1章の動物園の話しでいえば，猛獣がいつもおとなしいので，まあいいや，と檻の鍵をいちいちかけないでいる，というようなものです．車の運転で，毎日通る田舎のローカル線の踏み切りを，止まらずに徐行で通過する，あげくには徐行すらせずに通過する，というようなものもそうです．しかし，列車がこない確率が低いだけで，ゼロではありません．その日に限って臨時列車がやってきて，衝突した事故がありました．おとなしい猛獣だって，突然起きだして脱走することもあります．

ある遊園地の観覧車では，最後に電源を落とすときには，目印代わりにドアを開放したゴンドラが1周して戻ってきてから，その間お客さんは乗せないこと，という業務規則があります．これを守ればお客さんがとり残されることはありません．しかし，係員がいきなり電源を落としてしまったのです．冬の夕暮れでお客さんの少ない時期のことでした．1周待つのに20分近くかかる，待つのが面倒，自分も早く帰りたい……，などという背後心理も手伝って，観覧車係りは規則に反して電源を落としてしまったのでしょう．ところが何人かのお客さんが乗っていて，ゴンドラに一晩閉じ込められてしまいました．本人は，"いけないこと" ということはわかっているのですが，たぶん大丈夫，と自分にいい聞かせてしまうのです．しかし，"たぶん大丈夫" はだめなのです．そして今回がはじめてということではなく，おそらく，今までも同じような手抜きをしていたのではないかと思います．このような違反は初心者ではなく，慣れてきた人がやってしまうものです．

d. 面倒な手順の手抜き

　作業手順が面倒であるために，手抜きがされる場合もあります．身近な例として，天井の蛍光灯を1本だけ取り替えるときに，脚立を使わず椅子を使うなどということを私たちは経験します．脚立がすぐそこにあれば使うと思いますが，遠くの倉庫から取り出してくるとなると面倒でしかたがありません．一方で，天井のすべての蛍光灯を取り替えるとなると，おそらくちゃんと脚立を準備すると思います．つまり，作業のメイン部分に比べて，段取りに時間や手間がかかる場合，その段取りが手抜きされてしまうのです．人は本質的にケチです．目的を果たすときに時間，労力，コストをかけたくないのです．ちょっとの間だから……，と自動車を路上駐車するのも同じ心理です．6章で述べたJCO臨界事故（1999年）でも，貯塔を使っての作業があまりに面倒であるために，より楽で能率的なやり方へと流れていってしまったものと思われます．

e. 繁忙による手抜き

　業務量に対して作業スタッフの数が足りなかったり，作業時間が不足している，納期が迫っているようなときに起こります．繁忙なのです．繁忙でも，あ

る程度は頑張りで乗り切れるかもしれませんが，絶対的に時間が足りなくなると，多くの場合，まず検査が手抜きされ，それでも間に合わないと，すぐに発覚しない部分や，目に見えない部分の製造の手抜きがなされます．あるマンション工事では，杭打ちの手抜きがなされていました．工期が厳しかったのですが，数年後にマンションが傾きだして発覚しました．また別のマンションでは屋根裏工事に手抜きがなされていました．屋根裏は目につかないし，建て主は素人なのでわからないだろうと高をくくっていたのです．これは現場スタッフの意識が低いというより，無理な納期を定めた管理側の責任なのです．

以上のほかにも，違反のパターンとして次があります．
- 使い捨て用具や賞味期限切れの食品を，もったいないから再利用するという，「過剰なコスト意識による違反」
- ようすがおかしい設備やプラントを，自分が停止すると面倒な報告書を書かなくてはいけないから，次の直にこのまま引き継いでしまおうと，だまして使ってしまうという，「面倒くささからくる違反」
- 異常時のプラント停止権限をもつものの，偽陽性*で停止したときに，あとで"臆病"といわれたり，譴責されたり，始末書を書かされたりする場合に，「譴責不安感から何もしないという違反」
- ベテランが，スリルを味わいたいのと自分の腕試しに，「わざと危ないことをする違反」（リスクテイキングという）

変わったところでは，暇なときに"さわっちゃだめ""見ちゃだめ"といわれていると，「好奇心からの違反」をすることがあります．日本の昔話にある『鶴の恩返し』の与ひょう型の違反です．

7.2.2　違反の特徴

違反の特徴として，次があげられます．
- 理由がいえる．「違反」は，"故意"ですから，あとで違反をした人に，なぜそういうことをしたのか？ と尋ねると，"今まで大丈夫だったから今回も大丈夫だと思った""急いでいた""もったいないと思った"など

---

*　偽陽性 false positive とは，異常ではないのに異常と判定すること．この逆で，異常でないと思ったのに異常であった場合は，偽陰性 false negative という．

> **小さな違反を見過ごすな**
>
> 　飲酒運転，スピード違反，ごみの不法投棄など，法律の違反は犯罪です．しかし，人はある日突然，これらの違反をするというものではなく，最初は，酒気帯び，ちょっとしたスピードオーバー，ポケットのごみを道路にまき散らかすなどからスタートし，それをだれも咎めだてしないことから徐々にエスカレートしていくのです．このことを表すのが「割れ窓理論」です．割られたビルの窓を放置すると管理人がいないと思われ，治安が急速に悪化します．だから軽微な迷惑行為もきちんと対処すべきという防犯の理論です．事業所でも大きな違反には，かならず小さな違反という前兆があります．ですから小さな違反を見過ごさないことが大切になります．

と，それぞれに自分を正当化する理由をいいます．理由がいえるということが，錯誤や失念と大きく違う点です．

- 「違反」には，その人の気持ちが背後要因として大きく影響します．この気持ちは，"手っ取り早くやろう""コストをかけずにやろう"という近道心理・合理性心理と，"人によく思われたい""好かれたい""いいところを見せたい"などという，対人関係心理にまとめられるようです．実際の違反は，両者が入り混じって生じることが多いようです．たとえば，機械がトラブルを起こしたとき，電源を落としてから修理することが定められていても，そのまま手を伸ばして労働災害を起こすことがあります．これは"電源を落とすのが面倒くさい"という心理と，"電源を落として製造を遅らせ，後工程に迷惑をかけたくない""電源を落とさずに措置できれば，いい格好を見せられる"などという心理が入り混じっているものと思います．

- 「違反」は，その人の性格が影響します．気持ちはその人の心持ち，つまり性格にも影響を受けるので，三段論法的に，性格が間接的な違反の影響要因にもなります．交通事故でも，自己顕示欲と衝動性の強い人ほど，暴走型の加害事故を起こしがちであり，一方，善良で慎重な人ほど，どうぞお先に運転・慎重運転になりすぎて，今度は，サンキュー事故の誘因や，無用な追い越されを誘う，追突されるなどの被害事故に巻

き込まれやすいといいます．

7.3 違反を防ぐ

　産業では，ベテランの違反対策が，いちばん悩ましいところではないでしょうか．なかなかこれといって有効，かつ一律な対策がとれないからです．ときには一人ひとりの"気持ち"までもが背後に横たわっているので，知識不足のときのように，"こういう規則があります．みなさんわかりましたか？"というような知識教育では解決できないのです．

　一人ひとりの気持ちに着目した違反のモデルとして，図7.1を示します．

　違反は，それをすることで何らかの利益が得られるからなされます．利益とは，コスト削減，称賛や感謝の声，面倒なことに巻き込まれずにすむ，秘密を見てみたいなどさまざまですが，かならず動機につながる利益があります．さらに，規則違反をしても大丈夫，見つからない，自分ならうまくやる，などというコントロール感があります．これらが，規則違反の促進感情です．一方，規則違反が発覚したときの予見される懲罰の大きさ，事故の大きさなどの不利益や，罪悪感，規則を遵守しているときに得られる利益などが抑制感情です．図7.1のモデルは，これら二つの感情がシーソーに乗っていて，促進感情が勝てば規則違反がなされ，抑制感情が勝てば規則違反はなされない，ということを表しています．そして，ひとたび規則違反が成功すると，それはコントロール感を強化するように作用してしまいます．

　このことを踏まえて，では違反対策はどうするか．すなわち，シーソーをどう抑制感情側に傾けるのか，ということを考える必要があります．促進感情を

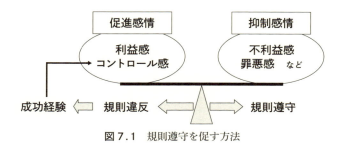

図7.1　規則遵守を促す方法

軽くするか，抑制感情を重くするか，いずれかということです．どちらが効果的かはケースバイケースで一概にはいえないのですが，根本的には，"規則の存在理由を説明し，遵守を説得する．そして，納得し，遵守の態度をみせてもらい，実行してもらう"ということになります．

社会心理学では，KSAB というモデルがあるそうですが，この段階を踏みながら，規則遵守が行動として定着するところまでもっていく必要があります．K，S，A，B とは次をさします．

K（knowledge）**規則を知っている**：規則を理由とともに，知ってもらう．

S（skill）**スキルをもつ**：規則を実行するための技術，技量を身につけてもらう．

表7.1 規則遵守を促す方法

方法	内容
精緻化見込み理論	"違反を起こすとどうなるか"という結末と，"自分が日ごろ行っている行動"とを対比させて，自分の行動を振り返らせ，自分自身で反省させる．
認知的不協和理論	規則の意義，重要性や，自分の理想を考えさせたあとに，グループ討議，カウンセリングなどで強制的にその人の平素の行為とのギャップを指摘して，反発心（不協和感，嫌な感じ）をあおる．その反発心は，そのギャップを埋める行動を促す．
集団雰囲気	全員が同じ意識をもっている集団の中に，一人だけ異なる意識をもっているというのは居心地が悪い．そこで，規則遵守態度の低い作業者を，高い職場に一人だけ放り込むことで，周囲の雰囲気が自分のものとして自然と染みつかせる．ただし，この逆もいえるわけで，規則遵守態度の低い職場を改造しようと，一人だけ規則遵守態度のよい者を送り込んでも，いつのまにかその者の意欲や，遵守態度が失われてしまう．このことから，ひとたび崩れた職場の安全風土を盛り返すのはたいへんなことだということがわかる．
決意表明	朝会，小集団活動のミーティング，また年頭に今年の決意を紙に書いて全員が張り出すなど，全員の前で自分の安全決意を表明させる．それを破ることに心理的に抵抗感を感じ，決意に縛られる行動をするようになる．
段階的依頼法	最初は十分達成できる小さな規則遵守の目標を掲げさせ，それが実行できたら徹底的にほめる，そして次にもうちょっと大きな目標を立てさせ，達成できたらまたほめる，という繰り返しをして，徐々により幅広く規則遵守行動が取れるようにする．手間がかかるが，自信がないもの，安全意識，意欲の低い作業者に対して有効といわれる．

A（attitude）**前向きの態度をもつ**：規則を守ろうという態度，気持ちをもってもらう．

B（behavior）**行動できる**：KSA の結果として，規則を遵守する行動ができるようになる．

ここで，規則遵守を促すためには"A（態度）"の育成が重要です．社会心理学の理論に基づくと，表7.1のような方法が提案されています．

7.4 規則違反と管理者の責務

7.4.1 違反者に対する管理者の姿勢

管理者の立場としては，もし規則違反をしているような作業者がいた場合は，それを見逃してはいけません．ただし，いきなり叱るのではなく，教育的・相談的に接する必要があります．作業者が何か規則違反をしていたら，管理者は"それを守らないとどうなるかを一緒に考えてみよう"，"何か問題が

自分自身に説明させる

規則を一方的に教えてもだめです．上から規則を教えるだけでは，なかなか守られないのです．その規則の存在理由，もしその規則・手順を守らなければどのような問題が生じ，その問題が自分自身にどのように降りかかってくるのかを，自分の口で説明させることが必要です．そして"私はそれを守ります"と，みんなの前で宣言させるようなやり方をしなければ，なかなか本人がその気にならないといわれています．

あるバス会社では，所長が朝礼で交通規則の遵守をいってもなかなか交通違反が減らないので，朝礼で運転士を指名し，"今日はあなたはどのような交通法規を守るか"と聞き，その理由も一緒に答えさせるそうです．そして，もし守らなければどうなるかというところまで問い詰めて質問します．事故が起こるとけが人が出る．けが人には家族もいて，私のことを一生うらむだろう．自分は解雇されて，交通刑務所に行き，妻子は路頭に迷うだろうなどと，自分の痛みに結びつくところまで，本人の口で説明をさせるそうです．そして，みんなの前で"今日は一時停止を守る"などと宣言させたあと，それを紙に書いて帽子の中に入れさせるところまでしているそうですが，それで交通違反がかなり減ったという話でした．

あって規則が守られなかったのだろうから一緒に改善策を考えよう"というカウンセリング的な態度で，違反者に接するというものです．

　管理者が，規則違反を摘発するような態度でいると，面従腹背となり，職場の雰囲気が悪くなってしまいます．しかし，あくまで違反が悪質なもの，何度いっても改めないもの，だれの目から見てもそれはいけないというものに対しては，やはり処罰をして辞めてもらうくらいの態度が必要で，それを教育的うんぬんとあいまいなところですませていると，ほかの人の士気が喪失してしまいます．さじ加減が難しいのですが，いずれにしても，まず本人に規則遵守を誓わせます．それでも不適切なことをやっていれば，最初は教育的・相談的に接しますが，あまりに悪質なもの，常習的なものに対しては，毅然とした態度をとるのです．そうしないと，組織風土が乱れてくるということです．一方で，規則を守っている人には，"ありがとう""偉いね"というほめる態度で接することも重要です．これが規則違反の抑制感情としてはたらき，よい組織風土にもつながっていきます．

7.4.2　社会とのつながりを考える

　先の，車掌に列車を運転させた運転士の例を考えてみましょう．運転士は脇についていましたし，事故になるような区間ではないので，じつは安全上，ほとんど問題はありません．しかし一事が万事と思われ，その人だけではなく，会社全体が，社会からの信頼を失うことにもなってしまいます．

　安全規程には一般に安全余裕が組み込まれていますので，少々逸脱しても安全がただちに脅かされることは少ないものです．そのため，技術に精通したベテランは，規程を柔軟に運用するような感じで作業を行うことがあります．しかし，それが社内規程であっても，それが守られないということが，社会からの不信を招くのです．つまり，社内規程であっても，ひとたび定められると，それは社会的な存在になっていることを，現場も管理者も，深く認識しなくてはなりません．

7.4.3　その規則は守られるの？　守る意味があるの？

　守れない規則，守る意味のない規則を現場に押しつけて，守らないあなたが

悪い，教育的に接しましょう，などというのは，本末転倒もいいところです．管理者は，その規則の意味，ということを常に考える必要があります．

a. 「人間のさが」を知らない規則

芝生の生えているところに"入るべからず"と立て札を立てている公園がありますが，立札のところに踏み分け道ができていたりします．裏道です．職場でいえば裏マニュアルというものです．このときに，この踏み分け道を歩いてきた人をつかまえて，"だめじゃないか！"と怒ってみても，この人は素直に聞き入れないでしょう．人間は近道を好みます．これは人間の「さが」なのです．ましてや裏道ができるくらい常習者がいるのに，自分だけつかまったのでは，素直に，ハイごめんなさい，とはいえないのです．管理者はそのようなことを考えたうえで，近道をしても別に問題がないのなら，させてあげればよいのです．つまり，立て札を引っこ抜いて道をつくればよいということです．近道があるのに遠回りの違反をする人はいないので，これが大正解です．このことは，規則というものは，それ自体が守られやすいものでなくてはならないことを意味しています．

一方，この近道が何らかの理由で本当に困るのであれば，何か対策を講じなくてはなりません．近道ができないよう，金網で柵をつくるなどの物理的な手

立てを講じるのも手です．しかしそれでも，近道をしたがるのは人のさがなので，いずれ金網は破かれてしまうかもしれません．むしろ，なぜそうなのかという理由を教え，掲示し，納得させるほうが効果があるかもしれません．一人ひとりの抑制感情に訴えていくのです．

b. 合理的理由のない規則

合理的な理由が見つからない規則について，守ろううんぬんといってもナンセンスです．ひと昔前になりますが，男子生徒は丸刈り，女子生徒はおかっぱのみ，などという校則があり，しかも毎月頭髪検査があって，違反していると先生がバリカンで髪を切る，というような恐ろしい中学校がありました．その理由を先生に聞いても，髪が目に入って気が散るから，本校の中学生らしいからなどというだけで，合理的な答えは返ってきませんでした．生徒にしてみれば，他人に迷惑がかかるわけでなし，ほっといてくれ，という心境でしょう．これでは生徒は反発し，陰でタバコを吸うようなことになるだけです．

事業所でも，合理的な理由が見つからないような規則や，必要性のなくなった規則，時代にそぐわなくなってきた規則がないかを，管理側は常にウォッチし，その規則の改廃を考えていかなければいけません．

c. 最初から守れない規則

守れる規則なのか？　という根本的なことも考える必要があると思います．規則をつくれば，みんな守ってくれるだろうと考える人がよくいるのですが，大間違いです．先に説明した繁忙による手抜きがまさにこの例で，需要（納期）に対して生産能力が不足すると，ほとんど必ず手抜きが生じます．需要を減らす（納期を延ばす）か，生産能力を増やすか（人員増）の手当てをするか，解決策はありません．

現場の実情にそぐわない規則も守れません．オーブントースターの取扱説明書に，「使用中は本体から離れないでください．調理物が発火することがあります」と書いてありました．メーカーがユーザーに対して定めた，合理的な理由も備えた規則です．けれども，そもそも台所で忙しく炊事をしているときにトースターの前でずっと監視せよ，などといわれても，できるわけがありませ

ん．それをしないからといって，教育的な指導をしたり，"きちんと見ている"などと決意表明をさせてみてもナンセンスです．

d. 判断基準のない規則

守るときの判断基準が明確か，ということも考える必要があります．くだんのオーブントースターの取扱説明書には「必要以上に加熱しないでください．加熱により発火することがあります」とも書いてありましたが，この"必要"をどうとるかは人によってまちまちです．「15分以上加熱しないこと」などという明確な基準を示すことが重要で，そのような明確な基準を与えずに，現場に判断基準を任せてしまうと，現場は自分たちに都合よく行動してしまうこともあります．

以上みてきたように，「違反」対策では，管理側の果たす役割がむしろ大きいと思われます．規則を守ってもらうという教育や説得，そして同時に，その規則は改廃できないのか，もっと楽にできないのか，必要な人員はいるのか，納期は無理がないかなどを考えていく必要があるのです．79ページの観覧車

違反と安全文化

　違反は組織の安全風土が乱れているときに生じやすいといわれています．とくに，現場の士気が衰えているときや，企業がコスト最優先の風土に染まっているときには，自然自然と必要な安全確認や安全規定を破るようなことになり，大きな事故を起こします．チェルノブイリ原子力発電所事故（1986年），茨城県東海村JCO臨界事故（1999年）などが該当すると思います．

　食品産地偽装事件，事業所の帳票や検査記録改ざんなどの悪質な事件も，一種の規則違反ですが，コスト削減の延長に，企業倫理の欠如（顧客意識の希薄化）が重なったために生じたものと思います．こうした事件では，会社は社会からの信頼を失い，企業が存続できなくなる事態もみられています．これらは特定個人の違反が引き金とはいえ，組織全体の風土に由来し，組織に壊滅的打撃を与えるものであることから，組織エラー（organizational error），組織事故（organizational accident）ともいわれます．

の例でいえば，観覧車を1周させなくてもお客さんが残っていないことが確認できるような別の方法がないかと考えてみることも必要だと思います．とはいえ，規則や手順の改変を現場に任せてはだめで，管理部門や技術部門がきちんと評価し，改変を承認，発行しなくてはなりません．そうしないとなし崩しにあらゆる規則が現場で都合よくいじられてしまい，収拾がつかなくなってしまいます．規則違反をいきなり叱りつけてはだめで，違反者の声に耳を傾けることも大切です．"言いわけにも一理あり"といわれます．そこから考えるべきこともあるかもしれません．結局，規則を制定するのも，守らせるのも，管理側の責務と考えるべきなのです．

現　場　力

　前章まで，私たちは，定められたことを，いかにしてそのとおりにやってもらうかという観点から検討を進めてきました．ヒューマンエラー撲滅のための取り組みといえると思います．こうした取り組みはもちろん重要です．安全の基本として確実に取り組まなくてはなりません．一方で，状況が常に変化している"生きている現場"では，機転を利かせ，臨機応変に行動することで事故を防ぐという，人間の優れた面を伸ばしていくことも安全のためには重要です．2章で述べたレジリエンスということです．俗にいう現場力ということが相当するのだと思います．

8.1　レジリエンス

　たとえば，自動車の運転ということを考えてみます．安全に目的地に到着するには，まずは機械としての自動車を正しく操作しなくてはなりません．アクセルとブレーキを踏み間違えてはだめですし，前進するのにシフトレバーを"R（後退）"に入れていてはいけません．こうしたヒューマンエラーはなくすことが必須です．一方で，いざ運転をはじめたら，道路状況に応じた運転が必要です．交通流に乗ることや，薄暮になったら念のためにライトをつける，交差点では譲りあうというようなことで，こうした気づきや機転，臨機の対応がなければ事故を招きます．みなさんの職場も"生きている"と思います．そのときには状況に応じた柔軟な対応をとることで，安全裏に生産がなされるのではないでしょうか．

こうした柔軟な対応をレジリエンスといっています．レジリエンスとは，打たれ強さ，回復力の大きさというような意味ですが，レジリエンスの能力が高ければ，かなり大きな状況の変化にも対応できます．しかし，能力が低いと，ちょっとした変化にも対応ができずに事故になってしまいます．ですから，安全はレジリエンスの能力だ，という言い方もできるのです．

8.2　レジリエンスの能力

レジリエンスという考え方を提唱した E. Hollnagel は，レジリエンス能力の構成モデルとして，図8.1を示しています．

レジリエンスは，結果としてたまたまラッキーだったことをいっているのでも，場当たり対応のことをいっているのでもありません．どのような状況変化が生じ得るかを"予見"し，"監視"すること．そして，変化が生じたときには迅速に，より良いやり方で"対応"するということです．そのためには，失敗からも成功からも"学び"，経験として蓄えておくことが重要です．

この四つのポイントが適切にできるように，個人資質を伸ばすことが求められます．具体的には，図8.2の四つの要素があげられます．状況変化や対応方法に関する知識，対応するためのスキル，自ら考え行動する前向きな態度，そして健康が伴わなければ，適切なレジリエンスの行動はなされないのです．

図8.1　レジリエンス能力の構成モデル（E. Hollnagel）

図8.2　個人資質を伸ばす四つの要素

本人も管理側も，これら四つの要素を高める教育，訓練，啓発を行っていくことが求められます．

8.3 気づき力を高める

機転を効かすためには，まずは状況の変化に気づくことが必要です．たとえば，機械が"ぶ〜ん"と，いつもとは異なる音で動いていたとします．それに"おや？"と気づかなければ，以降の対応が何もなされません．気づくことが重要です．図8.1のモデルでいうと，「予見」「監視」に関わることですが，気づくためには，平素から「学習」に関わる次の二つの取り組みをすることが重要になると思います．

（1）**起こり得る不具合を知っておく**

起こり得る不具合を事前に伝えておくこと，知っておくこと，学んでおくことです．自動車運転でも，"落石注意！"の標識があれば，その区間を通過するときの運転態度，落石への気づきは大きく変わると思います．

同じく，事故事例やヒヤリハット報告を読んでおくことや，先輩の体験談を聞くこと，ブリーフィング（打ち合わせ）で情報共有をしておくこと，危険予知（KY）を行うこともきわめて重要です．

図8.3　危険予知
　　　起こり得る不具合を予見する

たとえば，図8.3の状況はどうでしょう．廊下を歩いてくる人と衝突したり，階段を踏み外したり，モップを踏んで転倒したりするかもしれません．そうならないように廊下の見通しをよくする，両手に清掃用具を持たず，手すりをちゃんとつかんで降りる，モップの持ち位置を変えるなどの対応を取ることが重要です．仮にそれができないとしても，そういった意識が頭の中にあるだけで，注意力が大きく変わってくると思います．

（2）正しいことを知っておく

正しいこと，普段のことを知っていると，"何か変？"ということに気づけます．機械のいつもの作動音を知っていれば，いつもとは異なる音に気づけ，"何か変？"と感じることができます．そして何か変と感じたときはたいてい変なのです．具体的に何が変なのかはわからなくともその気づきに基づいて，予防的な対応をとっていくことが安全につながります．

8.4 対応する

状況の変化に気づいたら，適切に対応しなくてはなりません．

対応するにはスキルが必要ですし，そのための知識も必要です．機械が"ぶ〜ん"と鳴っていることに気づいても，その後の対応の仕方を知らなかったり，スキルがなければ，手をこまねいているだけで，どうしようもありません．対応のための「学習」も必要なのです．

学習すべきこととしてはスキルもそうですが，俗にいう"ひき出しの多さ"ということも重要です．たとえば，ベテランの外科医は，手術の前にいくつかのケースシナリオをつくり，頭の中でシミュレートしておいて，手術開始後は変化する患者さんの状態にあわせ，もっとも適切な手術の進め方を決めていくそうです．いわば頭の中にたくさんのひき出しがあり，その一つひとつに対応計画とそのやり方が知識として蓄えられているという感じだそうですが，それにより，状況に応じた適切な対応をとることができるそうです．

8.5 先手を打った行動

　現場力では，状況の変化の兆しをとらえて，先手を打つことも求められると思います．たとえば，ベテランの漁師は，風向きや雲行きから，"今は快晴だが，何か雲行きがおかしい"と感じ，出漁を見合わせることがあるそうです．そして実際，しばらくすると，急速に天候が悪化してくるといいます．ベテラン旋盤工は，切削音やキリコの状態から，"今は順調に切削しているが，何かようすがおかしい"ということを感じ，注意深く切削を進めるそうです．すると，やはり突然バイトが折れるなどのトラブルが生じるそうです．子育て経験のある方ならわかると思いますが，"今は元気よく遊んでいるが，何かようすが変"ということを感じ，念のため解熱剤を用意するということがあります．そしてそういうときは，決まって夜になると子どもは熱を出します．このような話は，「現在の状況をもとに将来状況を予測し」「その将来状況に備えて現在できる対応を決定し」「実施する」ということの重要性を示すものといえるでしょう．

　このことについては，M. Ensley の提案する，状況認識のモデルで表現することができます．このモデルを簡略化すると，図 8.4 のように表現できます．まず「状況を知覚すること（perception）」，次に「状況を理解すること（comprehension）」，最後に「対応計画を立てること（projection）」，この三つのステップで将来予測と対応決定がなされていくと考えられます．

　状況知覚と理解のためには，質のよい，多くの情報を獲得することが大切で

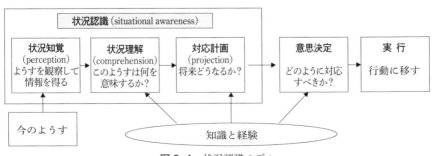

図 8.4　状況認識モデル

す．ですから，ほかの人が気づいたことも，感じたことも，思ったことも，状況を理解するための重要な情報源なのです．漁師では，風，雲行き，波などだけではなく，海鳥の飛び方，鳴き声なども感じると聞いたことがあります．数字には表せないかもしれませんが，だから信頼できないということではなく，"正しいことを知っておく"そして"五感を大切にする"ということと思います．

　このようなことは，人間の感性にも関係することなので，なかなか扱いにくいのですが，このような感性により，将来のトラブルや，事故の事前回避もなされるのは事実だと思います．

背 後 要 因

　同じ仕事を同じようにしていても，ヒューマンエラーを起こすときと起こさないときがあります．たとえば，体調が悪い，心配ごとがある，疲れている，時間がなくて慌てているなどのときには，「錯誤」や「失念」「手抜き」が多発します．ヒューマンエラー加速要因ともいえることで，このような背後要因を適切に管理することも，ヒューマンエラーの防止において重要となってきます．

　ヒューマンエラーの背後要因は多数のものがありますが，代表的な要因の種類としては，次があげられます．

① 体調，気分，意欲，心配ごとなど，その人自身の内的な要因

行動形成因子（PSF）

　A.D. Swain は，ヒューマンエラーを解明し，防止していくためには，人間の行動がいかなる要因の組み合わせで形成されるのか，という考え方をすべきであるとし，SHEL の全要因などをすべて合わせて「行動形成因子（PSF：performance shaping factor）」という考え方を示しています．たとえば，道具が使いにくく，自分自身もその道具を使うだけの技量が十分になく，さらに時間が切迫しているのなら，その道具をうまく使えず，結果的にヒューマンエラーを起こすという具合です．

　このような組み合わせの考え方は，12 章で述べる事故分析の基本となるもので，ヒューマンエラーを抑止していくためには何をすれば効果的かわかりやすくなります．先の例でいえば，道具を使いやすくするか，自分が技量をつけるか，時間を十分に与えるのがよいか，どれが効果的といえるのか，その検討がしやすくなってきます．

② 作業環境，作業条件などの外的要因
③ 作業時刻，残余時間などの時間要因

ここでは，これらを「作業遂行能力に影響を与える要因」と「作業遂行意欲に影響を与える要因」として詳しく見ていきたいと思います．

9.1 作業遂行能力に影響を与える背後要因

意欲をもって作業をしていても，判断力や注意力を低下させてしまう要因です．

a. 覚醒水準

本人はまじめに作業を行おうと思っていても，眠いとエラーは多発します．眠いということは学術的にいうと，覚醒水準（目覚めの状態）の低下ということです．

私たちの覚醒水準は，一定ではありません．表9.1に示す5段階があるといわれています．これをフェーズ理論といいます．フェーズ3が理想です．眠気がさした状態がフェーズ2，フェーズ1で，これでは正確な作業遂行ができません．睡魔と闘う昼過ぎの会議では，気がつくと書類によだれのしみがあり，自分でも読めないような文字でメモを取っていないでしょうか．フェーズ

表9.1 覚醒レベルの段階

フェーズ	意識のモード	注意の作用	生理的状態	信頼性
0	無意識，失神	ゼロ	睡眠，脳発作	ゼロ
1	subnormal，意識ぼけ	inactive	疲労，単調，居眠り，酒に酔う	0.9以下
2	normal, relaxed	passive，心の内方に向かう	安静起居・休息時 定例作業時	0.99〜0.999 99
3	normal, clear	active，前向き注意 野も広い	積極活動時	0.999 999以上
4	hypernormal, excited	1点に凝集，判断停止	緊急防衛反応，慌て→パニック	0.9以下

［橋本邦衛，"安全人間工学"，p.94，中央労働災害防止協会（1984）］

1の状態です.

覚醒水準を低下させる要因には,多数のものがあります.

- 内的要因:疲労,体調不良,飽き,意欲や興味がないこと,満腹や空腹,また,眠気をもたらす薬物やアルコールの摂取などです.
- 外的要因:ぽかぽかした暖かい温度,単調で静かな音,単調な作業などの物理的条件は,覚醒水準を低下させます.また酷暑,低酸素なども頭をぼーっとさせ,作業能力を減じます.
- 時間要因:人間には生体リズムがあり,未明には覚醒水準が低下します.要するに眠いのです.図9.1は,鉄道事故などの件数を示したものですが,列車本数が少ないにもかかわらず,未明に事故が多発していることがわかります.未明は眠気から判断能力が下がるのです.そこで,難しい仕事は避けること,チェックリストなどを使って極力判断をしないでもすむようにすることが大切です.

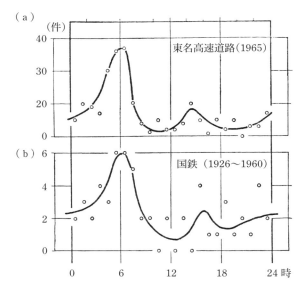

図9.1 居眠り運転事故(a)と信号違反事故(b)の時刻別発生件数
[橋本邦衛,遠藤敏夫,"生体機能の見かた―人間工学への応用―",p.149,日本出版サービス(1973)]

また休憩配分，裏返すと一連続作業時間も考える必要があります．作業を連続していると，疲労のために，作業能力が落ちてきます．適切な休憩，作業中断を保障しなければなりません．また労働基準法では，作業休憩などについて表 9.2 のように定めています．適切な余裕時間，休憩を与えることで，作業者の健康も守られますし，作業不良も抑さえられます．勤務間インターバルや休日，休暇も重要です．

　ところで，フェーズ理論では，覚醒が行き過ぎると，逆にヒューマンエラーが起きやすくなるともいっています．フェーズ 4 ということで，社長に突然呼び出されて，頭の中が真っ白という状態です．動揺しているときで，このときにも，まともな受け答えはできません．

　残余時間も問題です．時間の余裕感がなくなると慌ててしまい，フェーズ 4 になってしまいます．パニックという状態です．そこまでいかないとしても，時間が足りないと私たちは作業不達成を避けるために，必要な確認や必要な措置をすっ飛ばして最後まで到達しようとします．その結果，「錯誤」や「失念」さらには「手抜き」も多発します．テスト残り時間 5 分となると，解答欄を間違えたり，名前を書き忘れる，消しゴムのカスを払わずに提出するようなことです．"忙しい" は "心を亡くす" であり "忘れる"，そして "慌てる" は "心が荒れる" ということを表している漢字だそうですが，まさにこの状態です．

b. 注意集中を削ぐもの

　覚醒水準は変わらなくとも，作業に向ける注意量が減じると，ヒューマンエラーが多発します．心配ごとを抱えているときや，逆にとても楽しみなことを予定しているときには，気もそぞろ，うわの空です．気分を切り替えなくてはなりませんし，管理者は，部下のようすがいつもと違うのであれば，一声かけて，その日は危険な作業からはずすような気配りが必要です．

　気になることが生じたときも，注意がそちらに取られてしまいます．自分の噂話がされていることや，職場に外来者が姿を見せたようなときがそうだと思います．単一チャンネルメカニズムといって，人間は，一時点では一つのこと

表9.2 疲労と必要な休憩

分類	疲労の状態（例）	必要な休息・休憩パターン	労働基準法
急性疲労 （継続作業による疲労）	目や手がうまく動かず，作業速度や正確度が低下してくる．判断ミスが生じてくる．	自発休息，手まち，小休止，補償行動（腰をのばす，腕を回すなど）	（標準時間における疲労余裕が相当）
亜急性疲労 （作業反復による漸進性の疲労）	目や手がうまく動かず，痛みを感じ，小休止をしても回復しない．作業動作が乱れる．監視能力や判断力が低下し，ミスが増える．	作業の中断，休憩，昼休み，まどろみ，作業転換，気分転換，リフレッシュメント	（休憩：第34条） 使用者は，労働時間が6時間を超える場合においては少なくとも45分，8時間を超える場合においては少なくとも1時間の休憩時間を労働時間の途中に与えなければならない．休憩時間は自由に利用させなければならない．
日周性疲労 （1労働日～翌日にわたる疲労）	覚醒状態が低下し，注意が集中しない．疲れたという感じがする．考えがまとまらない．作業量が低下し単純なミスが多発する．	職場の離脱，休養，趣味活動，質のよい睡眠	（労働時間：第32条(2)） 使用者は，1週間の各日については，労働者に，休憩時間を除き1日について8時間を超えて，労働させてはならない．
慢性疲労 （数日～数カ月の生活中に蓄積する疲労）	すぐに疲れる．作業意欲がわかない．いつもわけもなくいらいらする．欠勤する．腰痛症，肩腕障害などが生じる．	十分な休日，レクリエーション，余暇，長期休養	（休日：第35条） 使用者は，労働者に対して，毎週少なくとも1回の休日を与えなければならない． （年次有給休暇：第39条） 使用者は，その雇入れの日から起算して6カ月間継続勤務し全労働日の8割以上出勤した労働者に対して，継続し，または分割した10労働日の有給休暇を与えなければならない．

［三浦豊彦ら 編，"現代労働衛生ハンドブック"，p.1110，労働科学研究所出版部（1988）をもとに作成］

にしか注意を向けることができないので，他のことに気がとられると，作業への注意はおろそかになってしまいます．

　話しかけられるといった作業への割り込みもくせものです．周囲の人は，作

業中の割り込みや，気をとられるようなことは遠慮しなくてはなりません．"バス走行中には，運転手に話しかけないで下さい"という車内の案内放送は，まさにこのことをいっています．自動車運転中の携帯電話禁止も同じ理由です．

c. 作業離脱願望を刺激するもの

仕事から早く離れたい，その状態から早く脱したいという気持ちを刺激する要因です．たとえば，作業がつまらない，意欲がわかないなど，仕事への興味がないことや，無理な作業姿勢，冗長な作業手順，蒸し暑い，臭い，嫌な上司がいる，などの職場雰囲気であると早く仕事を切り上げたいので，手抜きや確認の省略をしてしまいがちです．いらいらしながら待たされていると，フライング的なヒューマンエラーを起こしますが，これも本質的には同じです．病院で何時間も待たされていると，他の人を呼んだ声を自分の番だと思って診察室に入っていったり，滑走路閉鎖で何時間も待たされたパイロットが，ほかの航空機への管制指示無線を，自分への指示と思って離陸をはじめたトラブルがありました．待たされていることから早く離脱したいという気持ちがあって，反射的に行動してしまうのです．

9.2 作業遂行意欲に影響を与える背後要因

仕事のやる気，安全への意欲，動機を低下させてしまう要因です．

a. 作業意欲を減じるもの

あまりに低賃金である，やる意味が感じられないなどといった仕事では，仕事へ前向きに取り組もうという意欲が減じ，必要最低限の確認しかしないなどの行為を誘発します．

b. 安全を後回しにしてしまう雰囲気

コスト削減運動，業務改善運動，納期短縮運動といった活動が強く展開されている場合などです．こうした活動それ自体は悪いことではなく，社員一丸と

なって企業価値を高める重要な求心力となるものですが，往々にして，その大前提である"安全"が置き去りにされてしまうのが問題なのです．

JCO臨界事故（1999年）でも，コストダウンキャンペーンが繰り広げられていた中での事故でした．より短期間で液体ウラン燃料を製造しようとした改善が，本来の規則からの逸脱を招いていったのですが，この規則違反の背後に，原価削減のコストダウンキャンペーンが色濃く影響していたことは否定できないと思います．

これらコストダウンのための活動を展開する推進者は，"安全"や"品質"を置き去りにすることのないよう，現場の誘導を常に心がけることが必要です．

9.3 背後要因を考える

今までみてきたように，ヒューマンエラーには，背後要因が暗幕として色濃く影響しているものです．その人自身の内的な背後要因には，自分の体調や薬物のように，本人自身も考えてもらわなくてはならないことだけではなく，家族の不幸や家庭内の問題のような，自分でもうまくコントロールのしようのないこともあります．プライベートなことに上司が首を突っ込むのは避けるべきかもしれませんが，メンタルヘルスも心配です．少なくとも，普段と顔色が違う作業者には，作業の割当てなどでの配慮をすべきでしょう．

月曜と金曜は事故が多発する？

答えからいうと，その傾向があります．月曜日は休日疲れがあるから，ということもあるかもしれませんが，むしろ，また仕事か……，という気持ちからの，職場離脱願望が高いためではないかと思います．そして金曜日の午後も，トラブルが多い傾向がみられます．楽しい休日へ向けての職場離脱願望と，今週の仕事を早く終わりにしないといけないという残余時間感からの焦りの気持ち，プラス，1週間の蓄積的疲労が原因なのだと思います．一方，夏休みや正月休みなどの長期休暇明けは，意外と事故は少ないのです．これは"休暇離脱願望"の裏返しで，仕事への意欲が高まっているためなのかもしれません．

作業環境や，未明作業などの問題については，作業者自身ではいかんともしがたい部分ですが，"待たされたときは慌てずに" "未明作業は念を入れて作業確認"など，自分自身でも心がける必要があります．また管理者は，これらの要因については，一歩でも半歩でも，より良好な状態となるよう，配慮をすることがぜひとも望まれます．

10

コミュニケーションとチームエラー

　現場では，コミュニケーションをとりながら作業をすることが多いと思います．チームで声掛けをしながら作業をするときもそうですし，また引継ぎや，電話連絡，メールでの作業指示などもそうです．そうしたときに，"言った言わない" "そういうつもりではなかった" などのコミュニケーションによりトラブルが起こることがあります．SHEL モデルでいえば，L–L 接面の問題といえるのかもしれませんが，このことについて考えてみたいと思います．

10.1　言いたいことを正しく伝える

　そもそもコミュニケーションとは難しいものです．"丸の上に三角を書いてください" と言われたとき，みなさんはどう書きますか？　図 10.1 のように，人によりいろいろな書き方をすると思います．こんな簡単なことでも，相手に伝えるというのはたいへんなのです．これにへんな遠慮や相手を黙殺するような雰囲気があれば，ますますうまく情報が伝わらなくなってしまいます．

　よいコミュニケーションのポイントとして，表 10.1 のようなことが指摘されています．

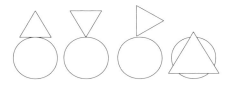

図 10.1　丸の上の三角

表 10.1 コミュニケーションのポイント

- 相手に応じた言葉／詳しさで説明しよう．
- 簡潔明瞭に言おう．
- 単位があるものは正しい単位とともに言おう．
- 多義的な言葉は避けよう．
- 状況共有のできる言い方をしよう．
- なぜそうなのか？ 理由とともに伝えよう．
- 疑問はなぜ疑問と思うのか，その理由とともに言おう．
- 図を使って説明しよう．
- 復唱しよう．

事業所では，"丸の上に三角"のような実験を通じて，職場でのコミュニケーションの重要性に気づかせ，そして表 10.1 を参考にコミュニケーション能力開発へとつないでいっていただきたいと思います．

10.2 コミュニケーションへの風土づくり

10.2.1 あるチームエラー

ある病院で，疼痛を訴える末期がんの患者さんに，鎮痛剤（麻薬）のモルヒネを，大量に注射したという事故がありました．発端は，看護師長が，指示箋に 80 ミリグラムと書くべきところを，間違えて 80 アンプルと書いてしまったのです．これは単位の書き間違いの「錯誤」です．問題はここからです．この指示箋を受け取った別の看護師が薬剤部に払い出しを受けに行くと，薬剤部はなんと，80 アンプルくれました．80 アンプルというと，ざっと数十人分で，一度に払い出しを受ける量としてはあり得ない単位数なのですが，指示どおりに出してくれたのです．さらに，もらってきた看護師が別の看護師に渡すと，その看護師は指示箋とおり，アンプルを 80 本，そのまま患者に注射してしまったのです．患者は死亡しました．この事故は，看護師長の単位の書き間違いがスタートですが，そのあと指示箋を受け取った看護師，チェックすべき薬剤部，注射する看護師などが，"何か変？"と気づいたはずなのに，言われたとおりにしたこと，疑問の声をあげなかったことが問題なのです．

> ### 会話の原則
>
> 　H.P. Grice という哲学者は，よい会話というものは，二人が会話の目的を共有して，同じ文脈の中で協力してやり取りをすることだと指摘し，これを「協調の原理」といっています．そして，協調するための会話のルールを「会話の原則」として示しています．
>
> **量の原則**
> - そのときに求められている量の情報を言え．
> - 求められている以上のことを言うな．
>
> **質の原則**
> - うそと信じていることを言うな．
> - 十分な根拠のないことを言うな．
>
> **関係の原則**
> - 関係のあることを言え．
>
> **様態の原則**
> - 不明確な表現を避けよ．
> - あいまいさを避けよ．
> - 簡潔に述べよ．
> - 順序だてて述べよ．
>
> 　実際の日常生活では，私たちはこの原則に反する会話をしているものです．しかし，そこに言外の含みを潜ませ，相手に感じ取らせています．たとえば，A："お寿司，食べたいね～"，B："給料日は来週だよ" というやり取りは，関係の原則に反していますが，A は，この文脈の中にお寿司を食べることはできないことを感じ取ることができます．会話の原則に反する会話は人間味があるものです．しかし，仕事のうえでの確実なやり取りをするためには，四つの原則に忠実に従うことが大切です（仕事なら，"お金がないから，お寿司は食べられないよ" とはっきり言うべきですね）．

10.2.2 「言われたことだけをしていればよい」という心理

a. 微妙な人間関係

　先の，モルヒネを大量に注射してしまった病院では，察するところ，指示箋を起こした看護師長は，絶大なる権力をもち周囲がものを言えない雰囲気であったか，逆に，絶対的な信頼を集めていたすばらしい上司だったのではないかと思います．つまり，"疑問をさしはさんで嫌われたくない" とか，"看護師

長に関わり合いたくない"，あるいは"看護師長のいうことに間違いがあるはずがない"と思ったか，いずれにせよ，微妙な人間関係が背後要因としてあったのではないかと思います．敬遠，過遠慮，過信頼ということです．

創業者社長の中小企業でときとして見かけるのが，社長が現場の箸の上げ下げまで指図することです．その結果，社長の言うとおりにしていれば間違いがないと，朝から平然と大量の不良品をつくっていることがあります．午後になって社長が気づき現場を問い詰めると，"いや，社長が何もおっしゃらなかったので"という具合です．

また，行き過ぎたノルマ主義の営業所では，同僚のミスに気づいても，教えないで失敗させ，相手の失点を自分のポイントとするようなことがあるといいます．このことは回りまわって，営業所全体，つまりは自分に対する顧客からの信頼を失うことになるのですが……．

職場での互いの不信頼や過当な競争，敬遠，過信頼，過遠慮，無関心があると，口にすべきことを口にしないことで，チームや職場全体のヒューマンエラーが生じます．チーム作業では，本来共有すべき情報を共有していない，情報を相手に伝えない，うまく伝えない，ほかの人のエラーをだれもフォローしないということは，致命的な問題を起こします．信頼と過信頼，遠慮と過遠慮は違います．無関心も困ります．ベテランだからミスはない，上司だから間違いはないということではありません．"患者さんの利益のため""お客様の利益のため"という共通の認識のもとに，積極的にコミュニケーションをとる職場風土づくりが必要です．そのためには，上席者，トップの果たす役割が大きいと思います．

b. 最近の若い人

最近の若い人は……，という言い方は古くからあったようです．しかし，若い人の創造性により，時代が切り開かれてきたともいえます．壺井 栄の小説『二十四の瞳』に，村に赴任した若い女の先生が，自転車でさっそうと通勤する姿に，村の人たちが眉をしかめるというくだりがありますが，そのような流れの中で，ゆっくりと男女平等という時代へと変わってきたのだと思います．しかし問題は，このような若い人の変化ということが，世代間のコミュニケー

ションギャップを招きかねないことです．現に『二十四の瞳』でも，村人たちは女の先生とどう接すればよいか困惑し，無視をするような態度にも出ています．

また，若い人の変化が，時代を切り開く前向きの創造であればよいのですが，それだけではないことです．最近は電子メールの発達により，面と向かって話ができず，メールを通じてでしかコミュニケーションがとれない人もいます．メールなら相手の都合を考えることなく，一方的に言いたいときに言いたいことを言えるので楽なのです．もちろん，最近の若い人は……，と全員をくくってしまうのはよくないことですが，しかし面と向かっての，口頭でのコミュニケーションべたを指摘する人は多いようです．その結果，職場では，やはり抜け落ちが生じてしまうのです．

このことは，批判しているだけでは進歩しません．あいさつをしっかりすることから新人教育をスタートする，コミュニケーション訓練をする，あるいは逆に，個人単位の仕事の進め方に切り替えていく，そして，"お客様の利益のため"という共通の目標をしっかり植えつけるなど，管理者，上席者，トップの考えることは多いと思います．

10.3 CRM に学ぶ

10.3.1 チームワークのまずさによる航空機事故

航空機では，機長と副操縦士，また客室乗務員などのクルーが，業務分担的にも人間関係的にも良い関係でなくては，互いの良い点を殺し合って，結果として，合計しても一人の能力にも満たないパフォーマンスしか発揮できない場合があるといわれています．実際，航空機の事故史をひも解くと，そうした問題による事故が散見されます．

1972年に起きたイースタン航空機墜落事故は，コックピット計器盤の表示灯のランプの交換に機長も副操縦士もかかりきりとなり，二人とも高度低下に気づかずに墜落してしまったものでした．このことから，二人とも注意を同じところに向けていてはだめで，一人がある局所的な作業に従事するときには，もう一人が全体的な監視役にならなくてはいけないという教訓が得られています．

テネリフェの悲劇といわれる大惨事（1977年）があります．目的空港閉鎖

のため，代替着陸したテネリフェ空港で長時間待たされた KLM（オランダ航空）機が，管制官のあいまいな指示を離陸許可と思い込んで滑走を開始し，滑走路上のパンナム機と衝突したものです．乗客乗員合わせて 583 人が死亡しました．事故の背後要因の一つに，早く離陸をしたいという，待機状態離脱願望があったものと思われますが，このときには離陸をはじめようとした KLM 機の機長に対して，航空機関士が，パンナム機が滑走路上にいるのではないかと指摘をしているのです．しかし，機長は黙殺し，機関士はそれ以上のことが言えなくなってしまっています．KLM 機の機長が超ベテランで，ほかのクルーとの間で，あまりに権威の勾配が強すぎたためといわれています．

また，1994 年には，済州国際空港に着陸しようとした大韓航空機で，機長と副操縦士が，着陸復航をするかどうかで言い合いとなり，操作が遅れて着陸に失敗し炎上事故を起こしています．これは人間関係のまずさです．

このように，機長や副操縦士などのクルー，管制官などが，いかに高度な専門スキル（テクニカルスキル）を有していても，互いのコミュニケーションなどがうまく機能しないと致命的な航空事故がもたらされることから，航空業界では，コミュニケーションやチームマネジメントなどのスキル（これをノンテクニカルスキルといいます）がきわめて重視されており，CRM（Crew Resource Management, クルー・リソース・マネジメント）といわれる訓練が行われています．

10.3.2 CRM のスキル

CRM は，テネリフェの悲劇などの航空機事故を受けて提唱されてきたもので，古くはコックピット・リソース・マネジメントといわれていました．コミュニケーションや人間関係が重視されていましたが，その後，機長と副操縦士などのチームとしての適切な意思決定に観点が移り，さらに最近では，ヒューマンエラーやその誘因のマネジメント（TEM：Threat and Error Management）の手段としての CRM へと視点が移ってきています．そのため，CRM の定義や説明は，時代や視点によって少しずつ異なるのですが，たとえば国際民間航空機関（ICAO：International Civil Aviation Organization）のヒューマンファクター訓練マニュアル（1998 年）では，「安全で効率的な運航

ノンテクニカルスキルのプログラム

多くの産業ではノンテクニカルスキルの重要性に気づき，CRM 同様のプログラムを開発し，現場に展開しています．たとえば，次が有名です．
- 医　　療：TeamSTEPPS（Team Strategies and Tools to Enhance Performance and Patient Safety，チームステップス）
- 船　　舶：BRM（Bridge Resource Management，ブリッジ・リソース・マネジメント）
- 航空機整備：MRM（Maintenance Resource Management，メンテナンス・リソース・マネジメント）
- 航空管制：TRM（Team Resource Management，チーム・リソース・マネジメント）

を達成するために利用可能なすべての資源，すなわち装備，手順，そして人員の効率的な活用」と説明しています．つまり，チームメンバーは独りよがりにならずに，さまざまな情報（リソース）を活用して，チームワークで無理のない的確な判断をしていきなさい，ということです．さまざまな情報とは，レーダーや航空計器などもそうですが，機長，副操縦士といったチームを構成するメンバーのみならず，客室乗務員，管制官，地上係員，場合によっては旅客なども含めて関係する全員からの情報に力点がおかれており，これらを積極的に活用することが重要とされています．そのためには，互いにものを言いやすい雰囲気づくりも重要になってきます．

CRM スキルの具体的な中身は，運航する航空機の種類の違いなどにより，航空会社によって少しずつ異なりますが，だいたい次のようなスキルが重視されています．

(1) コミュニケーション

例：互いに疑問なことは声に出す．あいまいな言い方は避ける．相手からの発言にはかならず反応する（反応しないと伝わったのか伝わっていないのか，相手にわからない）．気づいたこと（右前方に積乱雲がありますね）や，操作をはじめる前にはかならず発言し（今から積乱雲の回避操作をはじめます），情報と状況を共有する．

（2）チームづくり

例：発言しやすい雰囲気をつくる．ささいな疑問の声も大切に扱う．職位が上など責任，権限を有する者は，ほかの者との間に適切な権威勾配を保つ．リーダーシップのみならず，フォロアーシップ（納得をしたうえで相手に協力的についていくこと）の重要性を認識する．感情の対立とならないように，反対意見は自分への敵対ではなくチームへの利益と建設的に受け止め，相互の信頼関係を築くようにする．

（3）状況の正しい認識

例：常に警戒心と全体を見回す態度を持ち続ける．何かに気づいたら，互いに伝え合う．先を予測し，状況の悪化に備えて対応策をあらかじめ考えておく．

（4）意思決定

例：そのときに得られる多くの情報を活用して判断する．有益な情報と不適切な情報とを見きわめる．判断したことはほかのメンバーにも伝達する．判断し行動した結果は，常に振り返る．

（5）ストレス管理

例：仕事の優先順位付けをする．いっときに，またある特定の人にすべきことが集中しないように作業の配分を常に考える．一人で抱え込まずに限界を感じたらほかの人にそれを伝える．

これらのうち（3）〜（5）は，8章で述べたレジリエンス能力にとくに関係したことです．航空会社の運航乗務員は，これらのスキルを身につけるための訓練を受け，自分自身も常に磨いていると聞いています．

CRMでいう一つひとつはごくあたり前のことですが，実際には，部下に意見を言われてカチンときたり（部下もフォロアーとしてのものの言い方を学ぶべきです），"あれやっといて"などとあいまいな指示を出したり，独りよがりの判断をしたりしてトラブルを招いた経験をおもちの方も多いと思います．それが笑い話で終わるのならよいのですが，ちょっとした行き違いも大きな事故につながりかねません．ものが言いやすい風土をつくり，そして誤解の生じないものの言い方をすること，そして最終的にはチームとしての良好な判断，意思決定につないでいくことが大切なのです．

自分は他人とどう接しているか

　チームエラー対策として，"人に対して自分はどう接しているか"を知ることが，一つの鍵となるのではないかと思います．ここでは，交流分析（人間関係に関する性格分析）の一つである，エゴグラムテストを紹介します．自分は相手に対してどう接しているのか，相手から自分はどう思われているのか，考えるきっかけとして，試してみてください．

【テストの行い方】
① 次ページの表に示す，全部で50項目の質問に，「はい」「いいえ」で答えてください．どうしても答えられない場合には「どちらともいえない」をチェックします．
② 項目群ごとに，「はい」を2点，「どちらともいえない」を1点，「いいえ」を0点として合計します．
③ 合計点をもとにして，折れ線グラフをつくります．これがあなたの性格の一面を現しています．同じ質問を受けたのに，人とは違うグラフになっているのではないかと思います．つまり，あなたと人とは，物事の感じ方が違うということです．
④ このグラフの各要素は次を表しています．性格に善し悪しはありません．しかし，自分はどういう性格なのか，それを知ることが大切なのです．

エゴグラムでいう対人性格

区　　　分		群の記号	意　　味
P (parent)	相手への働きかけ（親が子どもに対して接する態度）	CP　支配的な親傾向（critical parent）	相手を支配する言動傾向が強い．リーダー的であるが，過ぎると嫌がられる．
		NP　保護的な親傾向（nurturing parent）	相手を励ます言動傾向が強い．保護的であるが，過ぎるとなめられる．
A (adult)	精神的成熟度		精神的な成熟度を表す
C (child)	相手からの働きかけに対する受け止め（子ども的な態度）	FC　自由奔放な子ども態度（free child）	人の言うことを聞かずに自由奔放に振舞う傾向．やんちゃ過ぎるとわがまま．
		AC　従順的な子ども態度（adapted child）	人の言うことをよく聞く従順な傾向．素直，おりこう．過ぎると自分の意見を言えない，ストレスをため込む．

エゴグラム・プロフィール・セルフテスト*

以下の質問に，はい（○）　どちらともつかない（△）　いいえ（×）のようにお答え下さい．ただし，できるだけ ○ か × で答えるようにして下さい．

CP	1	人の言葉をさえぎって，自分の考えを述べることがありますか		合計（　　）点
	2	他人をきびしく批判するほうですか		
	3	待合せ時間を厳守しますか		
	4	理想をもって，その実現に努力しますか		
	5	社会の規則，倫理，道徳などを重視しますか		
	6	責任感を強く人に要求しますか		
	7	小さな不正でも，うやむやにしないほうですか		
	8	子どもや部下をきびしく教育しますか		
	9	権利を主張する前に義務を果たしますか		
	10	「……すべきである」「……ねばならない」という言い方をよくしますか		

NP	1	他人に対して思いやりの気持ちが強いほうですか		合計（　　）点
	2	義理と人情を重視しますか		
	3	相手の長所によく気がつくほうですか		
	4	他人から頼まれたら嫌とは言えないほうですか		
	5	子どもや他人の世話をするのが好きですか		
	6	融通がきくほうですか		
	7	子どもや部下の失敗に寛大ですか		
	8	相手の話に耳を傾け，共感するほうですか		
	9	料理，洗濯掃除など好きなほうですか		
	10	社会奉仕的な仕事に参加することが好きですか		

A	1	自分の損得を考えて行動するほうですか		合計（　　）点
	2	会話で感情的になることは少ないですか		
	3	物事を分析的によく考えてから決めますか		
	4	他人の意見は，賛否両論を聞き，参考にしますか		
	5	何事も事実に基づいて判断しますか		
	6	情緒的というよりむしろ理論的なほうですか		
	7	物事の決断を苦労せずに，すばやくできますか		
	8	能率的にテキパキと仕事を片づけていくほうですか		
	9	先（将来）のことを冷静に予測して行動しますか		
	10	からだの調子の悪いときは，自重して無理を避けますか		

つづく

F C	1	自分をわがままだと思いますか		合計 ( ) 点
	2	好奇心が強いほうですか		
	3	娯楽,食べ物など満足するまで求めますか		
	4	言いたいことを遠慮なく言ってしまうほうですか		
	5	欲しいものは,手に入れないと気がすまないほうですか		
	6	"わあ""すごい""へえ〜"など感嘆詞をよく使いますか		
	7	直観で判断するほうですか		
	8	興にのると度をこし,はめをはずしてしまいますか		
	9	怒りっぽいほうですか		
	10	涙もろいほうですか		

A C	1	思っていることを口に出せない性質ですか		合計 ( ) 点
	2	人から気に入られたいと思いますか		
	3	遠慮がちで消極的なほうですか		
	4	自分の考えをとおすより妥協することが多いですか		
	5	他人の顔色や,言うことが気にかかりますか		
	6	つらいときには,我慢してしまうほうですか		
	7	他人の期待にそうよう過剰な努力をしますか		
	8	自分の感情を抑えてしまうほうですか		
	9	劣等感が強いほうですか		
	10	現在「自分らしい自分」「本当の自分」から離れているように思えますか		

○を2点,△を1点,×を0点として,それぞれの項目ごとに合計点を出し,下のグラフに折れ線グラフを書いて下さい.

* [岩井浩一,石川 中,森田百合子,菊池長徳,交流分析研究,2(1),8 (1977)]

11

トップの姿勢と安全文化

　ヒューマンエラーや現場力の問題に対して，トップの意識が直接的・間接的に大きな影響を及ぼすことがあります．ここでいうトップとは，社長という意味だけではなく，工場長，事業所長，職長，班長などの上席者という意味です．これら上席者の意識が自然と現場に浸透して，何となく組織全体がそういう方向に行ってしまうということです．実際，同じ工場でも，工場長が代わると，徐々に事故が増えたり，減ったりしだす，ということはよく耳にします．

11.1　トップの意識

　ある食肉会社ですが，産地を偽装して食肉を販売していました．外国産の安い食肉を，国産の高級肉として販売していたのです．過度の利益意識と，だれにもわかるわけがないというコントロール感，そして罪悪感のなさなど，規則違反を地で行くような事件でしたが，問題は，それが発覚したときに，社長が"工場長が勝手にやっていたことで私は知らないことです"と責任転嫁し，あげくに"どこでもやっていることでしょう"と居直ったのでした．いずれもテレビでそのまま報道され，会社全体の社会的信頼を致命的に失墜させてしまいました．危機対応のまずさということなのかもしれませんが，それ以前になんだか全身の力が抜けてがっかりしてしまいます．きっと平素から社内に向けても，そのような態度であったのではないかと思ってしまいます．
　社長がコストダウンをあまりにうるさくいったり，納期最優先で規則違反を黙認する（ときには奨励する）ような態度，あるいは自己保身的な態度である

と，現場のほうも，自然自然と顧客のことを置き忘れて，正しいことはしないでよい，よけいなことはしないほうがよい，というような風土になってしまいます．そんなところで"お客さまのことを第一に考えて""安全優先で"などと発言したものなら，職場の中で浮きあがって，いづらくなってしまうのではないかと思います．現に先の会社では，良心ある社員はつぎつぎに会社を辞めています．その結果，職場の雰囲気，会社の風土は，濃縮化されるのです．そして引き返せずいよいよだめになったころで問題が発覚し，社長が辞めて組織は健全な状態に戻る（あるいはそのまま倒産する），ということのようです．

昔から，"子は親を見て育つ""この親ありてこの子あり"などといわれます．精神論的で恐縮ですが，しかし，育つのは子どもだけではなくて，会社，組織も同じではないかと思います．安全研修で，トップが最前列に座っている会社もありますし，姿を見せない会社もあります．安全ということについてのトップの責任とは，このような態度，見識というところにあるのではないかと思います．

"安全はトップから現場まで"といわれます．トップはトップの役割があるということです．現場の一人ひとりがヒューマンエラーをしないよう，現場力を発揮するよう，そして安全に確実に作業するよう，トップには，よい会社風土，組織風土をつくる役割が強く求められていると思います．

よい会社風土をつくっていく

　トップがよい会社風土，組織風土をつくるということはどういうことか．まずはトップ自身が安全や品質，顧客や現場を大切に考えていなくてはいけません．そのうえで，会社の風通しをよくすることではないかと思います．"風通しがよい"というのは，トップが何を考えているのかを現場が直接知り，逆に現場が何を考えているのかをトップが肌で感じることではないかと思います．双方向のコミュニケーションということです．唐突ですが，"お店"の語源は"お見せ"なのだそうです．確かに，寿司屋ではカウンター越しに客と職人とは互いに相手のふるまいを見ることができ，話を交わせます．何を考えているのか，何がなされているのか，その透明性，声をかけ合えることが，互いの距離を短くしているのではないかと思います．

11.2 安全文化

　1986年4月26日，旧ソ連のウクライナ共和国チェルノブイリ原子力発電所で，原子炉爆発という最悪の事故が発生しました．これは，緊急炉心冷却装置（ECCS：Emergency Core Cooling System）を作動させるための電力を，発電タービンの慣性回転を利用して供給できるかどうかの実験中に発生したものでした．この実験を命令した上司は，原子炉特性に不案内な電気技術者であり，しかも実験実施について発電所責任者の許可を得ていませんでした．命令を受けた運転員は，上司に指示されるままに原子炉の安全機構をすべて解除し，炉が不安定になったのを知りつつ，実験を継続しました．その結果，原子炉が暴走し，大爆発を起こしたのです．

　この問題は，数々の規則違反の結果といえますが，しかしむしろ，安全機構を解除せよという指示に服従した運転員の行動規範，発電所責任者の許可を得ないまま，商業用発電所を用いて実験を行うという無謀な体制，さらに，そもそも建設費削減のために安全性を軽視した炉の構造や，安全機構が容易に解除できるという炉の設計など，この国の安全に対する姿勢，態度，風土がもたらした事故と考えるべきではないかと考えられます．すなわち，安全の実態というものは，その組織，さらにはその国の安全に対する考え方に，たいへん強く影響されるといえます．このことを安全風土，安全文化といいます．安全を確保していくためには，組織の風土，組織の文化を，安全を最優先するものに改めて行かなくてはならないことを意味します．このことから，国際原子力機構（IAEA：International Atomic Energy Agency）は，1991年に，原子力産業においての安全文化（Safety Culture）の理念を提唱しました．

　「安全文化とは，原子力プラントの安全問題が，すべてに優先することとして，その重要性にふさわしい注意を集めることを確保する組織および個人の特質と態度を集積したものである（*Safety Culture is that assembly of characteristics and attitudes in organizations and individuals which establishes that, as an overriding priority, nuclear plant safety issues receive the attention warranted by their significance*）」（2017年にはculture for safetyという言い方を提唱しています）．

　安全文化が重要であるということは，原子力産業に限ったことではないと思

> **日本の昔話**
>
> 　日本の昔話や童話は，"勧善懲悪""情けは人のためならず""因果応報"などの教訓を含む，とても示唆深いものです．かちかち山，さるかに合戦，笠地蔵，因幡の白兎，舌切り雀など，日本人の行動の共通基盤であったのではないかと思います．しかし最近の子どもの活字離れで，共通基盤が弱体化してきているのではないでしょうか．2001（平成13）年に「子どもの読書活動の推進に関する法律」が制定されましたが，小さいときから，質のよい話に親しむことが，文化の構築，そして文化の一つである日本の安全文化の構築のためにも，重要なのではないかと思います．気の長い話かもしれませんが，しかし，一人ひとりが周囲に気配りをしながら良心をもって行動をするという，日本の安全文化の根底がそこにあるのかもしれません．

います．日本は，コスト削減意識，時間（納期）意識が非常に強い国といわれています．これはたいへんすばらしいことで，日本の産業は大きく成長を遂げてきました．しかし，本来こうしたことは，顧客に少しでも安い製品を提供しよう，できるだけ早く商品をお届けしようという"顧客利益"のための手段であったはずです．これが目的にすり替わってしまったところに，さまざまな企業不祥事が生じてきてしまっているのではないかと思われます．文化は人の性格と同じで，善し悪しはありません．ただ，長所にもなり得，短所ともなり得る，私たちの行動基準なのではないかと思います．私たちは，"文化"ということについて考えていく必要があるようです．

11.3　不幸の重なりを避ける

　1章で示した，綱渡りのことを思い出してください．綱の位置が高い，下がコンクリート，墜落制止用のハーネスをつけていないなどのときに，足を踏み外すと死傷事故になります．そして足を踏み外すというエラーは，本人の技量不足や，綱が細い，突風などの要因が重なると起こるのです．つまり，これらのうちのどれかへの対応ができていれば，死傷事故にはならずにすんだはずです．すべての事故も同じです．単一の原因で起こることはまれで，このよう

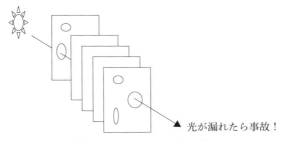

図 11.1　スイスチーズモデル

に，さまざまな事象が不幸な形でつながったときに起こります．事象は連鎖し，その事象には背後に多くの要因が絡みついている，ということです．

J. Reason は，スイスチーズモデルを示しています（図 11.1）．

スイスのチーズには，穴がたくさんあいています．これをスライスして何枚も並べます．ここではスライスチーズ 1 枚 1 枚を，一人ひとりの作業者や設備機器，環境条件，管理状態，組織風土などに見立てます．スライスチーズの穴は，人の注意や覚醒水準，設備機器の使いにくさ，作業環境のまずさ，管理問題，組織風土の問題に相当します．抜けがあるということです．その抜けの大きさは刻々変化し，その位置もスライスチーズ上を動き回ると考えます．

さらに，この穴の大きさ，開き方は，その組織風土，さらには国民性により，ある特定の傾向をもつと考えられます．それぞれ特有の穴の開き方，動き方があるということです．

このスライスチーズを並べて光にかざしたとき，穴が一直線に重ならなければ光は漏れないが，不幸にして穴が重なったときに，光が漏れてしまいます．このことは，事故が生じたことを意味します．事故を防止するには，スライスチーズを多数並べればよいが，それでも穴が重なる確率こそ減れ，ゼロになるということではありません．チーズが多数あるということで安心して，一つひとつの穴が大きくなってしまうこともあります．

結局大切なのは，基本的なヒューマンエラー防止対策，事故防止対策，現場力強化を丁寧に行い，1 枚 1 枚のスライスチーズの穴をふさぐこと，そのための安全第一の組織風土を構築していくことに勝ることはない，といえるでしょう．

11.4 「しかたがない」という前に

ヒューマンエラーというものは人間の行動特性そのものです．それがすべきことと異なってしまい困った事態に陥ったときに，ヒューマンエラーといっているだけの話なのです．

人はエラーするものだという前提で話を進めなければいけません．そういうと，よく現場から"だからしかたがないのだ"という声があがりますが，それでは進歩がなく，事業所ではやはりヒューマンエラーは困ったこと，ときには許されないことなのです．とはいえ，職場改善に取り組むこともせず，"エラーをするな！"と人を型にはめ込むようにぎゅうぎゅう押さえつけていては，現場力，すなわち人が守る安全というよい面も伸びません．

"ヒューマンエラーは人の「さが」"

"しかし許されない"

"ではどうするか？"

それぞれの立場で，1歩でも半歩でも前進しようとする，組織をあげての一

安全・安心・信頼

　安心と信頼は微妙に違います．「安心」は，危ないものが何一つ存在していないときに感じる気持ち，「信頼」は，危ないものが存在しているが，自分は守られているという気持ち，なのだそうです．赤ちゃんがお母さんの胸元ですやすや寝ていられるのは，お母さん自体に対しては安心を，周りのさまざまな危険については，お母さんが守ってくれるとの信頼を感じているからでしょう．

　信頼をもう少し詳しく見てみると，有能さと，誠実な態度から構成されるのだそうです．医者が信頼できるのは，優れた技量をもち（その中にはヒューマンエラーを起こさないことも含まれます），また，患者の命を救おうという真摯な態度が感じられるからだと思います．そういう人に対して，私たちは自分の大切なものを託そうという気持ちがわくものです．事業所で仕事をする私たちも，安全は当然のこととして，社会からの信頼を得るためには，どう行動する必要があるのか．そこも含めて，一人ひとりがそれぞれの立場で考え，行動することが大切と思います．

人ひとりの地道で前向きな取り組みこそ，ヒューマンエラーを防止し，よりいっそうの安全や品質を高めていくための近道なのだと思います．

12 事故分析：
ヒューマンエラーをなくしていくために

1章で，安全マネジメントのPDCAを説明しました．P（計画）をするためには，まず自分たちの職場に何が起こっているのか，何が危ないのかということをしっかり把握することが大切です．そのためには，事故やヒヤリハットの分析が必要です．

12.1 事象の連鎖

【たまたま部屋にいたら，上司に書類を届けるよう急に依頼されて，仕方なく急いで廊下を歩いていたら，雨傘の水滴があり，足をとられて転倒し，骨折した】という事故を考えてみたいと思います．事故に至るまでのできごとを時系列で表すと，図12.1（左側）となります．このような時系列を，事象の連鎖（event chain）といいます．いわば，不幸がつながった，というような状態です．

この連鎖のどこかが断ち切られていれば，事故は起きなかったはずです．

では，どうやって鎖を断ち切るのか，が問題です．

鎖の中のどこかの事象，たとえば"雨傘の水滴があった"ということに注目してみたいと思います．なぜ，廊下に水滴が残っていたのか？

・傘立がなく，傘を屋内に持ち込まざるを得なかった．
・傘のしずくを切らなかった人がいた．
・しずくを拭き取ろうと思ったが，雑巾もモップもなかった．

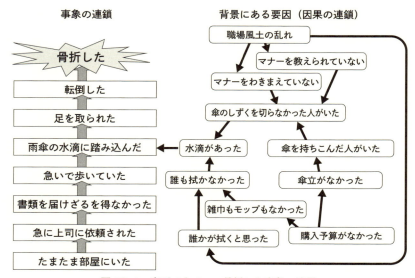

図 12.1　廊下ですべって骨折した事象の連鎖

など，調べてみれば，いろいろなことがあり得そうです．さらに，傘立がなかったことについて掘り下げていくと，予算がなく購買できなかったという答えが返ってくるかもしれないし，傘のしずくを切るというマナーをわきまえていなかった，マナーを教えられていなかった，ということがわかってくるかもしれません．因果の連鎖ということで，こう考えていくと，"雨傘の水滴をなくす"ということで事象の連鎖を断ち切ろうとすると，その事象の背後にあるさまざまな要素（因果の連鎖）を見つけ出し，丹念につぶしていくことが重要ということがわかります．表面に見えたことだけで対策を講じたり，ましてや"転んだあなたがぼんやりしているからだ"といって終わらせていてはいけないのです．

12.2　ヒューマンエラーの分析手法

　先の例に見たように，事故は事象が不幸にもつながったときに起き，その，各事象にも，その背後にはさまざまな要因が連なっているものです．ヒューマ

ンエラーにしても，さまざまな要因の影響を受けながら起こってくるものですから，目についたところだけを取り上げ，場当たり対策を講じているだけでは，問題解決にはなりません．SHELモデルでいえば，L（本人）とSHELのどこにミスマッチがあったのか，どのような背後要因があったのか，さらには組織の風土，トップの態度は影響していたのか，といったことにまでさかのぼっていくことが重要です．そして当面の問題とともに，できるだけ根本的なところでの対応も考える必要があります．そうしないと，場を変え人を変え，時を変え，いずれ同じようなヒューマンエラーが生じてきます．

　そこで，不幸にして事故が起こったときや，事故には至らなかったがヒヤリハットが生じたときには，いったい何がそうした事態をもたらしたのか，ヒューマンエラーを起こしたまさにそのときの，その人のおかれていた状況に立ち返って，分析をする必要があります．この分析のことを，RCA（Root Cause Analysis，根本原因分析と訳される）といいます．

　根本原因分析というと，何か一つの真の原因を求めることと誤解を受けることがありますが，そうではありません．植物にたとえれば，事故やヒヤリハットが地上に出た芽だとすると，地下には根っ子が広がっているということです．この"根っ子をどこかで切ることで，地上の芽を枯らすことができる"，だから"根っ子がどう広がっているか調べよう"ということで，Root Cause Analysisといっているわけです．ただ，植物では，根っ子は頑張っているのに，吸い上げる地下水が毒水なので枯れてしまうということもあり得ます．事故でいえば，その会社の風土や安全文化がよろしくないということで，ここまで分析を深めると，"根本的に何が問題か"という議論にもなってきます．そういう意味で，根本原因という言い方がなされることもあります．

　RCAの手法としては，さまざまなのもがありますが，現場サイドで簡単にできる方法としては，QC（品質管理）手法の一つである，連関図が役立つと思います．連関図は，別名，"なぜなぜ問答"といわれるものです．じつは，図12.1の"雨傘の水滴"の背後要因（因果の連鎖）は，連関図で示されています．

　連関図でヒューマンエラーを分析していくときには，まず発生した問題を書き，"それが起こったのはなぜか？"を，SHEL（m-SHEL），または4Mの要

素を意識しながら順次書き出していきます．正解を求めるということではなく，その問題に多少なりとも関係すると思われる要因に気づいたら，まずはそれを漏れなく書き出していくことが重要で，これにより，大きな問題がエラーの根底に横たわっていることに気づくことが多いものです．

12.3 何のための分析か？

　ヒューマンエラーの分析をしているときに悩むのが，"どこまで分析すればよいのか"ということです．この"どこまで"ということには，"どこまでさかのぼればよいのか"ということと，"どこまで正確に分析すればよいのか"ということがあると思います．
　これは，分析の目的しだいです．
　たとえば，行政罰，刑事罰などとも関係する事故分析の場合には，可能なかぎり正確な分析をし，断定（事実）と推定（推察）とを峻別して表記する必要があります．
　顧客に納めた製品にヒューマンエラーに起因する重大な不具合があり，原因と再発防止対策をしっかり求めていくような場合にも，正確な分析をする必要があります．これら正確な分析や表現のためには，本音を引き出すインタビュー訓練を受けたスタッフが関係者にヒアリングを行いながら調査し，丹念に分析していくことが大切と思います．ただし，再発防止対策を講じる担当者の職位レベルまでの分析の深さでよいと思います．偶発的に生じたほんのちょっとした不具合に対して，現場で再発防止を考える担当者が"当社の安全文化が問題であった"などという原因分析をしても，現場での対策はとりようもないのではないでしょうか．
　一方，管理的な立場から，その事故の再発防止のみならず，他の類似事故の未然防止へとつないで行きたいという場合には，「仕組み」にまで分析を深めることが大切です．「仕組み」とは，たとえば担当のセクション，制度，予算，権限，などということです．図12.2は，"部品を取り違えて製品に装着した"ヒューマンエラーの分析例ですが，"照明がない"だから"照明をつけよう"ということでは，その事故の再発防止でしか過ぎません．しかし"職場

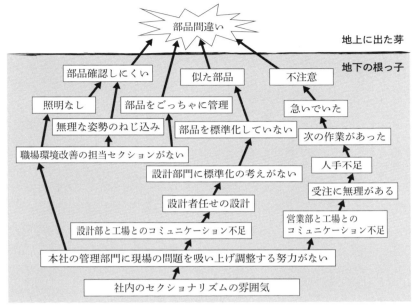

図 12.2 連関図分析の例（部品を取り違えて製品に装着した）

環境改善の担当セクションがない"というところまで掘り下げ，"職場環境改善の担当セクションを決めよう"そして"実効あるよう，予算もつけよう"そのための"予算制度も構築しよう"という「仕組みづくり」になれば，他の類似事故の未然防止にもつながります．さらに，"社内のセクショナリズムをどうにかしよう"となれば，会社の安全文化の再構築ということになってきます．

　教育目的の分析ということもあります．これは，ヒューマンエラーを起こした人や，ヒューマンエラーが起きた職場で，これからどのようなことを心がけていけばよいのか，どのような対策を講じていく必要があるのかを自分たちで考えさせ，ヒューマンエラーや安全への関心，作業改善，顧客意識の高揚をはかっていくためのもので，犯人探しではありません．これは，かならずしも正確な分析である必要はなく，視野を広げることが目標なので，一人で分析するのもよいですが，何人かで討論しながら作成したり，または，それぞれが作成

したものをもち寄って合わせるとよいと思います．なお，教育目的で分析をさせるときには，うまく誘導しないと，自分自身の問題を棚にあげて，問題をすり替えてしまったり，管理者に責任を転化してしまうこともあります．ですから，4 M（5 M）なり，SHEL（m-SHEL）なりのどの要因に注目するのか，深さについても，仕組みや職場風土的な要因までさかのぼるのかどうかなど，管理者側は分析のさせ方を考え，教える必要があります．ただそうはいっても，たんなるガス抜き，気休めになっても意味がありません．

12.4　インシデントレポート

　現場で生じた事故やインシデント，ヒヤリハットの報告を求める事業所が多いと思います（図 12.3）．報告させるのはよいことですが，実施の目的や，実施方法，実施体制（実施責任者），また結果をどう取り扱うのかをよく考えないと，おかしなことになってしまいます．

　まず実施の目的をはっきりする必要があります．実施の目的として，作業者においては，

- ヒューマンエラーへの関心を高める．
- ヒューマンエラーの情報を共有し，他山の石とする．

などがあげられます．また管理者としては，

- 集計して職場の弱点を知る．
- RCA を行い，ヒューマンエラー防止のための作業改善のポイントを得る．
- 事故の未然防止のために，仕組みを改める着眼点を得る．

などがおもな目的ではないかと思います．

　目的をあいまいなまま，他社がやっているからうちでも，というのでは困ります．目的を明確にし，それに沿った実施方法を考える必要があります．

　現場からすれば，報告シートを起票するのは手間です．このことをよく考える必要があります．それをあえて起票してもらうためには，それなりのメリット（報酬）がなければなりません．報酬とは，1 通提出するといくら，のような意味ではなく，"職場規則がよくなる""現場が改善されて仕事がしやすくなる"などということです．まじめに提出をしていたら"あの人はミスが多い"

12.4 インシデントレポート

インシデントレポート　　　○○株式会社品質・安全管理部

インシデントの内容（どのようなトラブルですか？）

そのインシデントは，「いつ」「どこで」「どのように」起きましたか？　わかる範囲で記入してください．
推定でも構いません．
　いつ　：　　月　　日（　　　）　　時　　分頃
　どこで：
　どのように：

そのインシデントを起こした人は，次のどの方ですか？　該当項目すべてに○をお付けください．
　・ベテラン　・応援者　・新人　・年輩者　・中年　・若年　・男性　・女性　・その他（　　　　　　）

- そのインシデントの起こった理由として考えられることをチェックしてください
- 直接的な理由として考えられることに◎，間接的な理由として考えられることに○をつけて下さい
  （思い当たることにいくつでも◎，○をつけて構いません）
- そのほか思い当たることがあれば余白欄にいくつでもご記入ください

L（本人）	S（ソフト）	H（ハード）	E（環境）	L（周囲の人）	M（管理）
疲れていた	手順書に不備があった	工具，冶具が使いにくかった	暑かった・寒かった	指示が不明確だった	人が足りなかった
慌てていた	手順書に不明瞭なことがあった	間違った工具，冶具を使用した	暗かった・明るすぎた	指示が聞き取れなかった	めったに行わない作業だった
気がかりなことがあった・上の空だった	違う手順書を参照した	工具，冶具を正しく使わなかった	うるさかった	息が合わなかった	作業指示や作業注意がなかった
知らなかった	手順書が読みにくかった	工具，冶具の整備が悪かった	臭かった	引継ぎがなされなかった	作業指示や作業注意が不適切だった
スキルがなかった	作業方法を教えられていなかった	工具，冶具が使用中に壊れた，故障した	時間がなかった・時間に追われていた	引継ぎが不十分・不適切だった	作業中断があった
不慣れだった	間違った作業方法を教えられていた		作業姿勢が悪かった		
うっかりぼんやりした	作業要領に不適切・曖昧なことがあった				
力負けした	わかりにくい作業方法だった				
面倒だった					
自分ならできると思った					

補足説明があればお書きください（裏面使用可）

ご協力たいへんありがとうございました

図 12.3　インシデントレポートのシート例

と陰口をいわれたり，"体調不良のためヒヤリハット"ということをありのままに記載したら，上司に呼び出されて根堀り歯堀り聞かれたり，譴責(けんせき)されるようなことでは，だれも書きません．報告シートは始末書ではないのです．ヒューマンエラー報告なんて，自分の恥をさらすようで，だれでも嫌なのではないでしょうか．この気持ちからスタートすべきです．無記名が原則ですし，提出ルートも職制上の上司を経るのはよくありません．安全の推進責任者，たとえばリスクマネジャーのようなところに，直接提出するルートを整えるべきです．

報告シートを起票するのに時間がかかるのでは，面倒でだれも書きません．起票に何十分もかかり，あげくに作業時間がなくなり，ヒューマンエラーを誘発したということになっては困ります．かといって，チェック項目をチェックするだけというのではようすがわからず，ヒューマンエラーの共有にもなりませんし，集計しても意味あることにならないかもしれません．どの程度詳しい報告を求めるのかということは，目的しだい，職場の関心度しだいというところがあり，一概にはいえないのですが，起票に過度の負担を課すことは避けなくてはなりません．"不注意""体調不良"なども本人の自覚を促す点ではよいのかもしれませんが，"不注意で見落としたのは，そもそも確認すべき表示が見にくかったから""体調が不良なのに仕事をしていたのは，納期がきつかったから"などという点がみえてこなければ，その事故の再発防止にも役立たないでしょう．

最後に，この報告を，どう現場にフィードバックするのかを考える必要があります．先に触れたように，この報告をすることが，ヒューマンエラーの低減につながらなくてはならないのです．1年間の報告シートが集計され，"今年は××職場では，部品間違いが多かったです．注意しましょう"などというちらしが配られて終わりでは，がっかりしてしまいますし，そもそもそのようなちらしも配られないのでは，ますます起票する意欲を失います．この意欲の喪失は，組織風土の乱れや安全文化の崩壊につながってきてしまいます．"××職場では部品間違いが多かった"でもよいのですが，ではどうすればそれがなくなるのか，"注意のポイントはここだ！"という具体的な提言や，"そこで，こう職場を改善します"などという改善実施計画が示されていて，やっと現場

民事訴訟法の証拠の考え方

　ヒューマンエラーの分析をしていくときに，どうしても推定が入らざるを得ないことがありますが，真の原因，事実関係という言葉にこだわりすぎて，身動きができなくなることがあります．もちろん，ヒューマンエラーの分析は，いい加減であってよいということではありません．可能な限り正確に行う必要があります．不適切な分析は，不適切な対策を講じることになり，また人の名誉を傷つけるようなことにもなります．ただし，ヒューマンエラーの分析は犯人探しではありません．それを分析することで，ヒューマンエラーの再発を防止する教訓を引き出すことにあります．

　それでは，原因が断定できず，推定ということにならざるを得ない場合，どれほど正確である必要があるのか，このことについては民事訴訟の因果関係の証明，証拠の考え方が参考となります．

　民事訴訟とは，当事者間の入り組んだ利害関係，法律関係を，互いが納得する形に落ち着けることが目標です．このことを踏まえたうえで，次をお読みください．

　民事訴訟での因果関係の立証ということは，「一点の疑義も許されない自然科学的証明ではなく，経験則に照らして全証拠を総合検討し，特定の事実が特定の結果発生を招来した関係を是認しうる高度の蓋然性を証明することであり，その判定は，通常人が疑を差し挟まない程度に真実性の確信を持ちうるものであることを必要とし，かつ，それで足りるものである」（最高裁判所，民集，29(9)，1417（昭和50年10月24日））．「元来訴訟上の証明は，自然科学者の用いるような実験に基くいわゆる論理的証明ではなくして，いわゆる歴史的証明である．論理的証明は"真実"そのものを目標とするに反し，歴史的証明は"真実の高度な蓋然性"をもって満足する．言いかえれば，通常人ならだれでも疑いを差挟まない程度に真実らしいとの確信を得ることで証明ができたとするものである」（最高裁判所，刑集，2(9)，1123（昭和23年8月5日））．

は安心します．この安心感は，管理者やトップへの信頼感にもつながります．

　インシデントレポートを実施する場合には，漫然とし続けるのではなく，期間を区切って，計画的に実施することもよいかもしれません．

　今までそのような取り組みを何もしてこなかった事業所では，安全研修などの機会を利用して，実施の目的や実施方法を説明します．そして，結果は次回の研修でかならず報告するなどと約束します．次回の研修では，集計結果を報

> **ヒヤリ🍂ハット！　報告をあげる**
>
> 　インシデントレポートやヒヤリハット報告がなかなか出てこない場合や，1章で述べた5種類の安全阻害要素（ハザード）すべてについて情報を集めたい場合には，"安全気がかり報告"という言い方で実施するとよいと思います．そうすると，ヒヤリハット未満の，さまざまなヒューマンエラーを招く「もと」になる要素や，職場の安全づくりへの多くの気づきの報告があがってくるものです．
>
> 　たとえば，"整理整頓ができていないがよくないのではないか""派遣社員を受け入れるのにマニュアルができていないがよいのか""新しく買った棚が壁固定されていないが大丈夫だろうか"などといったことです．
>
> 　ハインリッヒの法則で説明しましたが，ヒヤリハットは一歩間違えれば大事故ですから，じつは，ヒヤリハットすら起こしてはいけないのです．そうなる前の気がかりなことを，積極的に出してもらうことが大切でしょう．

告し，合わせて，"ではどうするか""どうすればよいのか"，対策を説明し研修します．これを数回繰り返していくうちに現場の関心も高まり，また現場の弱点も見えてくるので，インシデントレポートの体裁の見直しも必要になるかもしれません．しかし，これも3年も続けていくとマンネリになりますし，職場や作業環境がよくなればインシデントも出なくなると思います．このときには，思い切ってインシデントレポート制度をいったん休みにするというのもよいと思います．いずれにせよ，インシデントレポートは，出せばよい，集めればよい，というものではないのです．

12.5　未然防止にも取り組む

　インシデントやヒヤリハットを分析して対策を講じていくことは，事故の再発防止においてとても重要です．しかし，ヒヤリハットすら起こせない職場もあると思います．なぜなら，一歩間違えれば大事故につながった可能性もあるのですから．また，新規プロジェクトでは，事故やヒヤリハットを待ってから対策を取ることもできません．

　そこで，職場や業務プロセス，計画中のプロジェクトには，どのような事故

> ### 対策は原因に対してとるだけではない
>
> 　茶碗を手で洗っているときに落として割ったとします．その対策はどうしますか？
> 　再発防止の考え方であれば，落としたというヒューマンエラーに着目し，その原因を探り出して対策を講じることになります．しかし，私たちがなくしたいのは事故であり，被害や損害をなくしたい，減じたいのです．そうであれば，茶碗を手で洗わずに食器洗浄機で洗う，使い捨て容器を使うことで茶碗をそもそも洗わないという対策でもよいはずです．また，落とすことを織り込んで，割れない丈夫な茶碗を使ってもよいかもしれません．
> 　原因分析 → 対策立案は，今の作業のやり方ありきで，それをいかに確実に行うのか，という考え方ですが，それだけが対策の取り方ではないことに，じつは留意が必要です．

やハザードが生じ得るのか，またエラーについてみればSHELモデルの諸要素についてどのような"弱さ"があるのかを予見し，リスク評価をして，先手の対策を講じていくことが求められます．これが未然防止ということです．

　予見するのはたいへんですが，手をこまねいていてはいけません．1章（p.13）に示した表を持って職場のハザードを見つけてください．業務プロセスを書き出し，SHELモデルを掛け合わせて，エラーの芽を見つけ出してください．そして再び本書を読み返して，未然防止の対策を丹念に講じていっていただきたいと思います．

参 考 文 献

◆ 第1章
1. 小松原明哲，"安全人間工学の理論と技術―ヒューマンエラーの防止と現場力の向上"，丸善出版（2016）．
2. 田村昌三 編集代表，"安全の百科事典"，丸善（2002）．
3. 日本リスク研究学会 編，"リスク学事典"，丸善出版（2019）．

◆ 第2章
4. 篠原一光，中村隆宏 編，"心理学から考えるヒューマンファクターズ―安全で快適な新時代へ"，有斐閣（2013）．
5. 日本原子力学会ヒューマン・マシン・システム研究部会（古田一雄 編著），"ヒューマンファクター10の原則―ヒューマンエラーを防ぐ基礎知識と手法"，日科技連出版社（2008）．
6. F.H. Hawkins（黒田 勲 監修，石川好美 監訳），"ヒューマン・ファクター―航空の分野を中心として―"，成山堂書店（1992）．
7. 国際民間航空機関（ICAO），"ヒューマンファクター訓練マニュアル 第1版"，航空振興財団（2000）．

◆ 第3章
8. 横溝克己，小松原明哲，"エンジニアのための人間工学 改訂第5版"，日本出版サービス（2013）．
9. 人間生活工学研究センター 編，"ワークショップ 人間生活工学"，第1～4巻，丸善（2004）．

◆ 第4章
10. D.A. Norman（岡本 明，安村通晃，伊賀聡一郎，野島久雄 訳），"誰のためのデザイン？―認知科学者のデザイン原論 増補・改訂版"，新曜社（2015）．
11. J. Reason（十亀 洋 訳），"ヒューマンエラー 完訳版"，海文堂（2014）．
12. 塩見 弘，"人間信頼性工学入門"，日科技連出版社（1996）．

◆ 第5章
13. 井上 毅，佐藤浩一 編著，"日常認知の心理学"，北大路書房（2002）．

◆ 第6章
14. 小松原明哲，辛島光彦，"マネジメント人間工学"，朝倉書店（2008）．

◆ 第7章

15. 今井芳昭，"依頼と説得の心理学―人は他者にどう影響を与えるか"，サイエンス社（2006）．
16. 深田博己 編著，"説得心理学ハンドブック―説得コミュニケーション研究の最前線"，北大路書房（2002）．

◆ 第8章

17. E. Hollnagel（北村正晴，小松原明哲 監訳）"Safety-I & Safety-II―安全マネジメントの過去と未来"，海文堂出版（2015）．
18. E. Hollnagel（北村正晴，小松原明哲 監訳）"Safety-II の実践―レジリエンスポテンシャルを強化する"，海文堂出版（2019）．
19. E. Hollnagel（小松原明哲 監訳），"ヒューマンファクターと事故防止―"当たり前"の重なりが事故を起こす"，海文堂出版（2006）．
20. M.R. Endsley, D.J. Garland, eds., "Situation Awareness Analysis and Measurement", Lawrence Erlbaum Associates（2000）．

◆ 第9章

21. 橋本邦衛，"安全人間工学"，中央労働災害防止協会（1984）．
22. 正田 亘，"危険と安全の心理学"（中災防新書），中央労働災害防止協会（2001）．

◆ 第10章

23. R. Flin, P. O'Connor, M. Crichton,（小松原明哲，十亀 洋，中西美和 訳），"現場安全の技術―ノンテクニカルスキル・ガイドブック"，海文堂出版（2012）．

◆ 第11章

24. 三戸秀樹，北川睦彦，森下高治，西川一廉，田尾雅夫，島田 修，田井中秀嗣，"安全の行動科学―人がまもる安全 人がおかす事故"，学文社（1992）．
25. 黒田 勲，""信じられないミス"はなぜ起こる―ヒューマン・ファクターの分析"（中災防新書），中央労働災害防止協会（2001）．
26. J. Reason（塩見 弘 監訳），"組織事故―起こるべくして起こる事故からの脱出"，日科技連出版社（1999）．

◆ 第12章

27. S. Dekker（小松原明哲，十亀 洋 監訳），"ヒューマンエラーを理解する―実務者のためのフィールドガイド"，海文堂出版（2010）．
28. P.M. Salmon, N. Stanton, M.G. Lenné, D.P. Jenkins, L.A.Rafferty, G.H.Walker（小松原明哲 監訳），"事故分析のためのヒューマンファクターズ手法―実践ガイドとケーススタディ"，海文堂出版（2016）．

索引

[欧文索引]

A
A（Act，PDCAの） 9
A（attitude，KSABモデルの） 84

B
B（behavior，KSABモデルの） 84

C
C（Check，PDCAの） 9
childproof 7
comission error 22
CRM（Crew Resource Management） 110

D
D（Do，PDCAの） 9

E
E（environment，SHELモデルの） 19
Ebbinghausの錯視 34
Edwards, E. 17
Ensley, M. 95
event chain 125
extraneous act 22

F
false negative 80
false positive 80
foolproof 7

G
Grice, H.P. 107

H
H（hardware，SHELモデルの） 19
Hawkins, F.H. 17
Heringの錯視 34
Hollnagel, E. 25, 92

I
ISO 45001 5

K
K（knowledge，KSABモデルの） 83
Know How 68
Know Why 68
Knowledgeベース 46
KSABモデル 83
KY 41, 93
　惰性―― 41

L
L（liveware，SHELモデルの） 19

M
machine（4M，5Mの） 21
man（4M，5Mの） 21
management（4M，5Mの） 21
media（4M，5Mの） 21
mission（5Mの） 21

N
Norman, D. A. 54

O
OFF-JT（off the job training） 72

OJT（on the job training） 70
omission error 22
organizational accident 88
organizational error 88
OSHMS 指針 → 労働安全衛生マネジメントシステムに関する指針

P
P（Plan，PDCA の） 9
PDCA 9
PDS モデル 55
PSF（performance shaping factor） 97

R
Rasmussen, J 45
RCA（Root Cause Analysis） 127
Reason, J 121
Rule ベース 46

S
S（skill，KSAB モデルの） 83
S（software，SHEL モデルの） 19
Safety Culture 119
Safety-Ⅰ 25
Safety-Ⅱ 25
sequential error 22
SHEL モデル 17, 19
　　m- —— 19, 20
Skill ベース 46
SRK モデル 45
Swain, A.D. 22, 97
syllabus 73

T
tamperproof 7
TEM（Threat and Error Management） 110
time error 22

V
violation 75

[和文索引]

あ
亜急性疲労 101
アラーム 33
慌てる 49
安易な改善 69
安心 122
　　——を確保するための活動 8
安全 122
安全風土 118
安全文化 88, 119
安全ぼけ 78
安全マネジメント 9, 13
　　——のプロセス（→ PDCA もみよ） 9

い
いい格好 78
イクストレニアスアクト 22
意思決定 112
1：29：300 の法則 → ハインリッヒの法則
一貫性 52, 54
居眠り運転事故（時刻別） 99
違反 75
　　——の影響要因 81
　　——の特徴 80
　　——のパターン 77, 80
　　過剰なコスト意識による—— 80
　　譴責不安感から何もしないという—— 80
　　好奇心からの—— 80
　　面倒くささからくる—— 80
因果関係の立証（民事訴訟での） 133
因果の連鎖 126
インシデントレポート 130, 131

う
裏マニュアル 86
裏道 86

え
エゴグラムテスト 113

索　引　**141**

■お

起こり得る不具合　93
オミッションエラー　22
思い込み　49
　　——の対策　52

■か

概　念　50
会話の原則　107
過遠慮　108
覚醒水準　98
　　——を低下させる要因　99
覚醒レベルの段階　98
確定的故意　18
過　失　18
　　認識ある——　18
　　認識なき——　18
過信頼　108
合致性　52
加　齢　43
感覚記憶　35
環境（E，SHEL モデルの）　19
関係の原則　107
寛容性　52
管理者の責務　84

■き

偽陰性　80
記　憶　35
　　——の外在化　37
　　——の3段階仮説　35
　　感覚——　31
　　短期——　31
　　長期——　31
記憶力　35
危険予知（KY）　41, 93
技術要因　3
規則違反　75
　　——の促進感情　82
　　——の抑制感情　82
規則遵守を促す方法　82
規則ベース　46
規則を知っている（K，KSAB モデルの）

83
気づき力　93
規定（規程）違反　75
機転を利かせる　91
休暇離脱願望　103
休　憩　101
休憩配分　100
急性疲労　101
教育訓練　68
教育訓練計画 → シラバス
偽陽性　80
協調の原則　107
業務上過失罪　24
技量不足　72
　　——のヒューマンエラーへの対策　72

■く

クルー・リソース・マネジメント（CRM）
　110

■け

敬　遠　108
計画-実行-評価（PDS）モデル　55
軽率行為　77
決意表明　83
結果回避義務　24
結果予見義務　24
健康づくり　44
現場力　91

■こ

故　意　18
　　確定的——　18
　　未必の——　18
好　意　77
行為の7段階仮説　54
航空機の事故数の推移　6
行動形成因子（PSF）　22, 97
行動できる（B，KSAB モデルの）　84
合理的理由　87
高年齢者　43
5S（活動）　41, 42
5M　20
個人資質を伸ばす四つの要素　92

142　索　引

コミッションエラー　22
コミュニケーション　105, 111
　　──のポイント　106
　　双方向の──　118
コントロール感　82
根本原因分析（RCA）　127

┃さ

再発防止　13
作業意欲　102
作業規則　75, 76
作業離脱願望　102
錯　誤　45
錯　視　34
　　Ebbinghaus の──　34
　　Hering の──　34
3 H　74
残余時間　100

┃し

SHEL（シェル）モデル　17, 19
　　m-──　19, 20
視　界　29
死　角　30
視覚表示　29
仕組み　128
シーケンシャルエラー　22
事　故　1
　　──の起因源　2
事故分析　97, 125
事象の連鎖　125, 126
システムの硬直性　62
自然要因　2
視　線　30
躾（5S の）　42
失　念　57
　　──の対策　58
　　直後の──　59
　　直前の──　57
　　未来記憶の──　63
質の原則　107
視点の転換　53
自動処理　61
視　野　29, 31

社会要因　3
集団雰囲気　83
柔軟な対応　92
遵守型マニュアル　70
定規実験　39
状況知覚　95
状況認識モデル　95
状況の正しい認識　112
状況理解　95
証　拠　133
情報共有　93
職場の躾（しつけ）　76
職場離脱願望　103
シラバス　73
視　力　30
し忘れ　57
信号違反事故（時刻別）　99
人　災　3
人身事故　7
人的要因　3
信　頼　122
心理的圧力　78

┃す

スイスチーズモデル　121
睡魔　98
スキルベース　46
スキルをもつ（S, KSAB モデルの）　83
ストレス管理　112
スリップ　45

┃せ

清潔（5S の）　42
清掃（5S の）　42
生体リズム　99
精緻化見込み理論　83
整頓（5S の）　42
製品事故　12
　　──に関する問題　12
整理（5S の）　42
善　意　77
先手を打つ　95

そ

想定外の事故　13
想定を上回る事故　13
規則違反の促進感情　82
組織エラー　88
組織事故　88
組織風土　118
ソフトウェア（S，SHEL モデルの）　19

た

対象要因　3
タイムエラー　22
惰性 KY　41
正しいことを知る　94
だろう作業　68
単一チャンネルメカニズム　100
段階的依頼法　83
短期記憶　35
　　──の実験　36
タンパープルーフ　7

ち

チェルノブイリ原子力発電所　119
知識ベース　46
知識不足　67
チームエラー　106
　　──対策　113
チームづくり　112
チームワーク　109
チャイルドプルーフ　7
チャンク　36
注意義務　24
注意表示　41
聴覚表示　33
長期記憶　35
直後の失念　59
　　──への対策　60
直前の失念　57
　　──への対策　58

て

できない相談　27
テクニカルスキル　110

手抜き　79
テネリフェの悲劇　109
展望記憶　63

と

動作能力　38
到達目標　73
トップ　117
　　──の意識　117
取り違い　46
　　──の防止対策　48

な

なぜなぜ問答　127

に

「～にくい」もの　40
日周性疲労　101
人間工学　40
人間のさが　86
人間の能力　28
認識ある過失　18
認識なき過失　18
認知的不協和理論　83

の

ノウハウ　68
ノウホワイ　68
能力の限界　27
ノンテクニカルスキル　110, 111

は

背後要因　97
ハインリッヒの法則　2
ハザード　2
　　──の隔離　11
　　──の緩和　11
　　──の除去　11
　　──の制御　11
　　──の存在の伝達　11
　　──の把握　13
初めて（3 H の）　74
ハードウェア（H，SHEL モデルの）　19
パニック　100

バリアフリー　43
判断基準　88
反応力　38
繁忙　79

ひ

被害拡大防止　13
ひき出しの多さ　94
久しぶり（3Hの）　74
ヒヤリハット　134
　──報告　93, 130, 134
ヒューマンエラー　4, 6, 23, 25
　──の形態　24
　──の原因　15, 22
　──の種類　22
　──の背後要因　22, 25
　──の分析手法　126
　──の分類　23
　　結果からみた──　22
　　人間特性からみた──　22
ヒューマンファクター　17, 63
ヒューマンファクターズ　17
表示パトロール　28
標準化　54
標準型マニュアル　71
疲労　101

ふ

フェーズ理論　98
フォロアーシップ　112
物損事故　7
不適切行為　17, 23
ブリーフィング　93
フールプルーフ　7, 48, 59, 60
分析の目的　128

へ

平衡能力の変化　43
ベテラン　45
変更（3Hの）　74
弁別能力　31

ほ

報酬　130

防犯　81
墨守型マニュアル　70
保険　8

ま

前向きの態度をもつ（A, KSABモデルの）　84
マジカルナンバ7プラス2（7±2）　36
マシン（4M, 5Mの）　21
マナー　76
マニュアル　70
　遵守型──　70
　標準型──　71
　墨守型──　70
マネジメント（4M, 5Mの）　21
周りの人たち（L, SHELモデルの）　19
マン（4M, 5Mの）　21
慢性疲労　101

み

ミステイク　54, 55
未然防止　13, 135
ミッション（5Mの）　21
未必の故意　18
未明　99
未来記憶　63
民事訴訟　133
　──での因果関係の立証　133

む

昔話（日本の）　120
無関心　108

め

明瞭性　52
メディア（4M, 5Mの）　21
メンタルモデル　50
面倒な手順　79

ゆ

指差し確認　48

よ

様態の原則　107

規則違反の抑制感情　82
4 M　20

り

リスク　10
リスク回避　24
リスクテイキング　80
リスクマネジメント　9
リスク予見　24
リーダーシップ　112
量の原則　107
臨機応変　91

る

ルール　75

れ

レジリエンス　25, 91, 92

レジリエンス能力　92
　――の構成モデル　92
連関図　127
　――分析例　129

ろ

労働安全衛生法　5
労働安全衛生マネジメントシステムに関する
　　　　指針（OSHMS 指針）　5
労働災害による死亡者数の推移　4

わ

ワーストケース　53
割れ窓理論　81
不幸の重なり　120

著者紹介
小松原明哲（こまつばら・あきのり）
1957 年　東京生まれ
1980 年　早稲田大学理工学部工業経営学科卒業
現　　在　早稲田大学理工学術院　創造理工学部
　　　　　経営システム工学科　教授，博士（工学）

ヒューマンエラー　第3版

平成 15 年 3 月 25 日	初 版 発 行
平成 20 年 12 月 25 日	第 2 版発行
令和 元 年 10 月 30 日	発　　　行
令和 6 年 12 月 25 日	第 6 刷発行

著作者　　小 松 原 明 哲

発行者　　池 田 和 博

発行所　　丸善出版株式会社
　　　　　〒101-0051 東京都千代田区神田神保町二丁目17番
　　　　　編　集：電話(03)3512-3263／FAX(03)3512-3272
　　　　　営　業：電話(03)3512-3256／FAX(03)3512-3270
　　　　　https://www.maruzen-publishing.co.jp

Ⓒ Akinori Komatsubara, 2019

組版印刷・製本／壮光舎印刷株式会社

ISBN 978-4-621-30435-8 C 0050　　　　Printed in Japan

JCOPY 〈(一社)出版者著作権管理機構 委託出版物〉
本書の無断複製は著作権法上での例外を除き禁じられています．複写される場合は，そのつど事前に，(一社)出版者著作権管理機構(電話 03-5244-5088, FAX 03-5244-5089, e-mail：info@jcopy.or.jp) の許諾を得てください．